U0264903

# 数码摄影后期
## 影调原理与实战技法

郑志强 著

人民邮电出版社

北 京

**图书在版编目（CIP）数据**

数码摄影后期影调原理与实战技法 / 郑志强著. --
北京 ：人民邮电出版社，2023.8
ISBN 978-7-115-60951-9

Ⅰ. ①数… Ⅱ. ①郑… Ⅲ. ①图像处理软件 Ⅳ.
①TP391.413

中国国家版本馆CIP数据核字(2023)第013809号

## 内 容 提 要

　　照片影调是摄影后期处理的核心内容之一。本书由浅入深、循序渐进地介绍了影调的基础知识及实用的影调调修思路与技巧，主要内容包括正确认识照片影调、Camera Raw 的全方位应用、Camera Raw 蒙版的局部调修思路与技巧、Photoshop 后期处理的基石——蒙版、影调控制的核心——三大面的塑造、有光场景怎样修、无光场景怎样修、超实用的影调重塑思路与技巧、单张照片修出完美银河效果等。全书结合大量案例，系统讲解了不同场景下的影调调修技巧，能够更好地提升读者的学习效率和学习热情。

　　本书适合广大摄影后期爱好者参考阅读，也可作为各类培训学校和大专院校相关专业的学习教材或辅导用书。对于想要精进自身修片技法的专业修图师，本书也有一定的参考价值。

◆ 著　　　　郑志强
　责任编辑　胡　岩
　责任印制　陈　犇

◆ 人民邮电出版社出版发行　　北京市丰台区成寿寺路 11 号
　邮编　100164　电子邮件　315@ptpress.com.cn
　网址　https://www.ptpress.com.cn
　北京富诚彩色印刷有限公司印刷

◆ 开本：700×1000　1/16
　印张：18.5　　　　　　　　　　2023 年 8 月第 1 版
　字数：322 千字　　　　　　　　2023 年 8 月北京第 1 次印刷

定价：99.00 元
读者服务热线：(010)81055296　印装质量热线：(010)81055316
反盗版热线：(010)81055315
广告经营许可证：京东市监广登字 20170147 号

# 前言
# PREFACE

　　对摄影的学习，基础层面可分为两个环节，一是前期器材的熟悉与具体拍摄，二是照片的后期处理。大部分人学习摄影时遇到的困难主要在于照片的后期处理。根据笔者的经验，要想真正掌握后期处理技术，你不能只专注于软件的操作，还要掌握足够的后期理论知识。

　　实际上，照片画质的优化、污点的修复、畸变的校正、模糊特效的制作等后期处理工作都是非常简单的，学会相应工具或功能的使用方法即可，不需要特殊的理论或审美支持。后期处理真正的难点在于你既需要掌握软件应用技术，又需要有足够的理论和审美支持，还需要进行大量修片实践，才能应对包含各种复杂场景的照片的影调和色彩的处理。

　　本书讲解的照片影调后期处理是后期处理的核心内容之一。要熟练掌握照片影调后期处理的原理、思路与技巧，你需要正确认识影调的概念与基本审美规律；掌握后期处理工具，具体包括 Camera Raw 全局调整、局部调整与 Photoshop 修片工具；理解照片影调后期处理的核心问题——塑造三大面；针对各种不同的场景，结合大量案例进行练习和实践，做到举一反三，真正将书本中的知识转化为自己的能力。

**资源下载说明**

　　本书附赠部分案例的配套素材文件及Photoshop基础教学视频，扫码添加企业微信，回复本书51页左下角的5位数字，即可获得配套资源下载链接。资源下载过程中如有疑问，可通过客服邮箱与我们联系。

　　联系邮箱：baiyifan@ptpress.com.cn

# 目　录
# CONTENTS

# 第1章

# 正确认识照片影调

从本章开始，我们将与大家一起来正确认识照片的影调。首先我们会讲解一些有关照片影调的基本审美规律，之后介绍能对照片影调进行一定反映的直方图的相关知识，最后介绍照片的影调类型。

# 1.1 照片影调的基本审美

首先来看有关照片影调的基本审美规律。

## ■ 通透，细节完整

一张照片如果要从影调的角度给人非常美的观感，那么一定要非常通透。然而在雾霾天或是大雾天进行拍摄，我们就很难得到通透的画面效果。

要得到通透的照片，一般来说画面要有足够高的对比度，即亮部足够亮，暗部足够黑。但是我们应该注意，画面的对比度变高或者说明暗反差变大以后，容易导致高光溢出或暗部丢失细节的问题。

图1-1所示的照片整体是比较通透的，反差比较大，但是高光和暗部并没有出现死白或死黑的问题，没有损失细节，也就是说在保持通透的基础上细节依然是足够完整的，这张照片整体就呈现出了一种比较理想的影调状态。

图 1-1

再来看图 1-2 所示的照片，画面整体对比度变低，亮部不够亮，暗部不够黑，整体不够通透，灰蒙蒙的，让人感觉不舒服。

图 1-3 所示的这张照片，画面非常通透，但是可以看到对比度变高之后，受光线照射的位置出现了死白的情况，而背光的阴影处有些区域变为了死黑，即损失了高光和暗部的细节，这种照片给人的感觉就不够好。

图 1-2　　　　　　　　　　　图 1-3

### ■ 层次丰富

有关照片影调的第 2 条基本审美规律，是画面影调层次要丰富。用比较通俗的话来讲就是，照片从最亮处到最暗处都有足够多的层次，这样才足够耐看，才会显示出更强的立体感。如果照片只有纯白和纯黑两级影调层次，那么照片就不能够称为照片，而会变为简单的图像。

当然，在一些特殊的场景中，我们有时也会刻意减少画面的影调层次，营造出或高调、或低调、或高反差的剪影效果。

图 1-4 所示的这张照片，画面的影调层次是非常丰富的，有高光、中间调和纯黑的区域，画面就比较好看。这原本是一个比较简单的场景，但因为有丰富的影调层次，所以照片效果就比较理想。

图 1-4

图 1-5 所示的这张照片的影调层次就比较少，它呈现的是一种剪影效果，表现了人物的形态线条和整个背景窗户的图案。这张照片其实有一个比较关键的点，就是地面的倒影，它在纯黑和纯白之间形成了一定的过渡，让照片产生了比较明显的立体感。

图 1-5

图 1-6 所示的这张照片表现的是阴雨天气，如果我们不进行后期处理，那么画面肯定是灰蒙蒙一片，缺乏影调层次，一定不会好看。只有为这种散射光场景营造出一定的光照区域，画面层次才会变得丰富，画面才会具有立体感，才会变得好看。

图 1-7 所示的这张照片问题就比较明显：缺乏阴影，影调层次不够丰富。虽然有明媚的阳光、绿色的水体以及黄绿色的树木，但因为缺乏阴影，照片整体的表现力就有所欠缺。

图 1-6

图 1-7

12

## ■ 影调过渡平滑

之前我们已经介绍过，照片要足够通透就要有丰富的影调层次，此外我们还应该注意一点，即照片由明到暗的过渡一定要平滑，不能出现太大的跳跃。如果影调直接由白色跳跃到黑色，缺乏中间调的过渡，那么画面给人的感觉一定不会好。

我们往往会在太阳已落山但天还没有彻底黑时拍摄城市夜景，这是因为此时城市中已经亮起了灯光，这样就既能保证画面出现非常绚丽的灯光色彩，又能保证没有灯光的暗部不会彻底变为死黑，让画面从暗部到高光都有平滑的影调过渡。

如果在天彻底黑以后进行拍摄，那么城市中背光的一些区域一定是死黑的，而灯光部分的亮度非常高，就会导致最终拍摄的画面有跳跃性的明暗反差，影调过渡不够平滑，画面一定不会好看。

图 1-8 所示的这张照片就是影调过渡平滑的一个具体案例。

图 1-8

再来看图 1-9 所示的这张照片。照片调整完毕之后，给人的感觉非常不舒服。可能有些人不知道为什么，实际上如果仔细观察，我们就会发现整个天空的亮度非常高，但是地景又比较暗，天空和地景之间的亮度出现了一种跳跃性的变化，

13

过渡不够平滑，所以照片给人的感觉是不舒服的。我们缩小天空与地景的亮度差后，画面整体给人的感觉就非常好了，如图 1-10 所示。

图 1-9                                    图 1-10

### ▨ 符合自然规律

　　对画面影调进行调整时一定要注意，照片的光照效果一定要符合自然规律；如果不符合自然规律，画面就会出现问题，给人的感觉是非常不自然的。

　　下面看两张照片，第 1 张照片（见图 1-11）对第 2 张照片（见图 1-12）中的天空进行了左右翻转，哪一张照片给人的感觉更舒服？其实非常明显，第 1 张照片让人感觉别扭，第 2 张照片更好，为什么呢？我们观察地景的主体，可以看到地景中的马群右侧亮度比较高，很明显光源应该在画面的右侧，但第 1 张照片中的光源在画面的左侧，这就不符合自然规律，这种不符合自然规律的照片给人的感觉一定是不舒服的。而第 2 张照片符合光照的自然规律，画面给人的感觉也就比较协调。

图 1-11                                    图 1-12

# 1.2 3 分钟掌握直方图

## ■ Photoshop 中 0 与 255 的来历

先来看一个问题：01011001、11001001、10101010……8 位的二进制数字一共可以排列出多少个值？其实非常简单，一共有 2 的 8 次方共 256 种组合方式，即可以组合出 256 个值。计算机为二进制，如果某种软件是 8 位的位深度，就能呈现 256 种具体的数据结果。Photoshop 在呈现图像时，默认就是 8 位的位深度，因此能呈现 256 种数据结果。

这 256 种数据结果，在表现照片明暗时，用 0 表示纯黑，用 255 表示纯白，即照片有 0 ~ 255 共计 256 种明暗。

Photoshop 内很多具体的功能设定中都有 0 ~ 255 的色条，很容易辨识，如图 1-13 所示。

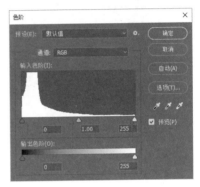

图 1-13

## ■ 直方图的构成

直方图是用于反映照片明暗的一个重要工具，在相机中回看照片时可以调出直方图，查看照片的曝光状态。在后期软件中，直方图是指导摄影后期明暗调整最重要的一个工具。在 Photoshop 或 Camera Raw 的主界面中，右上角都会有一个直方图，它是非常重要的衡量标尺。一般来说，调整明暗时需要随时观察照片调整之后的明暗状态，不同显示器的明暗显示效果不同，如果只靠肉眼观察，可能无法非常客观地描述照片的高光与暗部的影调分布状态；但借助直方图，就能够实现更为准确的明暗调整。下面来看直方图的构图原理。

首先在 Photoshop 中打开一张有黑色、深灰、中间灰、浅灰和白色的图像，如图 1-14 所示。打开之后，界面右上方出现了直方图，但是直方图并不是连续的波形，而是一条条的竖线。直方图从左向右对应了像素不同的亮度，最左侧对应的是纯黑，最右侧对应的是纯白，中间对应的是深浅不一的灰色，因为由黑到白的过渡并不是平滑的，所以表现在直方图中就是一条条孤立的竖线。直方图从左到右对应的是照片从纯黑到纯白的不同亮度的像素，不同竖线的高度则对应的是不同亮度的像素，纯黑的像素和纯白的像素非常少，它对应的竖线就比较矮，中间的一些灰色的像素比较多，它们对应的竖线就比较高，由此我们可以较为轻松地理解直方图与像素的对应关系。

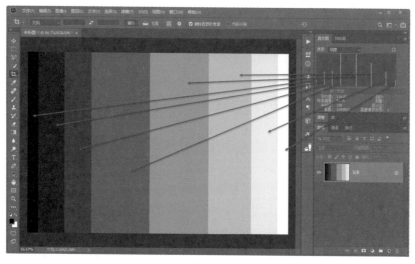

图 1-14

再来看一张正常的照片，如图 1-15 所示。照片中，像素从纯黑到纯白是平滑过渡的，表现在直方图中也是如此，这样我们就掌握了直方图与照片画面的明暗对应关系。

图 1-15

### ■ 直方图的状态选择

打开一张照片之后，初始状态的直方图如图 1-16 所示，直方图中有不同的色彩，反映的是不同色彩的明暗分布关系。

如果要查看比较详细的直方图，可以在直方图面板右上角打开"折叠菜单"，选择"扩展视图"，调出更为详细的直方图，如图 1-17 所示。在"通道"列表中选择"明度"，可以更为直接地观察对应明暗关系的直方图，注意是明度直方图。

图 1-16

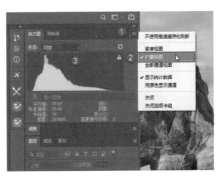

图 1-17

### ■ 高速缓存如何设定

初次打开的"明度直方图"右上角有一个警告标志，它对应的是"高速缓存"，如图 1-18 所示。高速缓存是指在处理照片时，直方图是抽样的状态，并非与完整的照片像素一一对应。因为在处理时，软件会对整个照片画面进行简单的抽样，这样能提高处理时的显示速度。如果点击"高速缓存"标志，此时直方图与照片的像素会形成准确的对应关系，但处理照片时，它的刷新速度会变慢，影响后期处理的效率。大部分情况下，高速缓存默认自动运行，当然，高速缓存是可以在软件的"首选项"中进行设定的，高速缓存的级别越高，直方图与照片像素对应的准确度也会越低，但是刷新速度会越快。如果设定较低的高速缓存级别，比如没有高速缓存，则直方图与照片像素对应的准确度就比较高，但是刷新速度会比较慢。从当前画面中可以看到，下方的高速缓存级别为 2，是一个比较高的级别。

如果点掉"高速缓存"标志，直方图会有一定的变化，如图 1-19 所示。

17

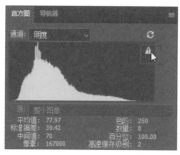

图 1-18

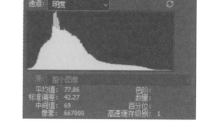

图 1-19

## ■ 直方图参数解读

打开一张照片，在直方图上单击，下方会显示大量的参数，如图 1-20 所示。

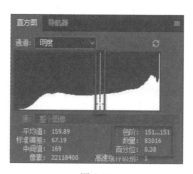

图 1-20

其中，平均值指的是画面所有像素的平均亮度。将所有像素的亮度相加，再除以像素总数，就得出平均值，平均值能反映照片整体的明暗状态。

标准偏差是统计学上的概念，这里不做过多的介绍。

中间值可以在一定程度上反映照片整体的明亮程度，此处的中间值为 169，表示这张照片的亮度比一般亮度要稍高一些，照片整体是偏亮的。

像素对应的是照片所有的像素数，用照片的长边像素乘以宽边像素，就是照片的总像素。

色阶表示当前单击位置所选择的像素亮度。

数量表示所选择的这些像素有多少个亮度为 151 的像素，这个亮度的像素共有 83016 个。

百分位是指亮度为 151 的像素个数在总像素中的比例。

以上就是直方图所显示信息的详细介绍。

## ■ 5 类常见直方图

通常情况下,对于绝大部分需要进行后期处理的照片来说,其所显示的常见直方图可以分为 5 类。

### 1. 曝光不足

第 1 类是曝光不足的直方图,如图 1-21 所示。从直方图来看,暗部像素比较多,亮部是缺乏像素的,甚至有些区域没有像素,因此照片比较暗,这表示照片可能是曝光不足。从照片来看,也确实存在曝光不足的问题。

图 1-21

### 2. 曝光过度

第 2 类是曝光过度的直方图,如图 1-22 所示。从直方图来看,大部分像素位于比较亮的区域,而暗部像素比较少,这是曝光过度的一种表现。从照片来看,也确实如此。

### 3. 反差过大

第 3 类是影调缺乏过渡的直方图,如图 1-23 所示。从直方图来看,照片中最暗部与最亮部的像素都比较多,中间调区域的像素比较少,这表示照片的反差大,缺乏影调的过渡。从照片来看也是如此,亮部与暗部的像素都比较多,过渡不够自然平滑,反差过大。

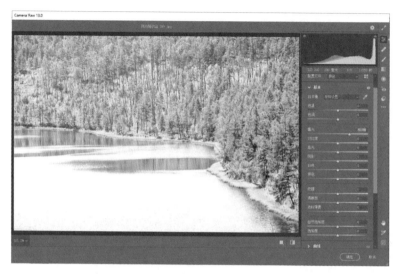

图 1-22

图 1-23

## 4. 反差过小

第 4 类是影调反差较小的直方图，如图 1-24 所示。从直方图来看，左侧的暗部和右侧的亮部都缺乏像素，大部分像素集中于中间调区域，这种直方图对应的一定是对比度比较低、灰度比较高的画面，画面宽容度会有所欠缺。从照片来看，也确实如此。

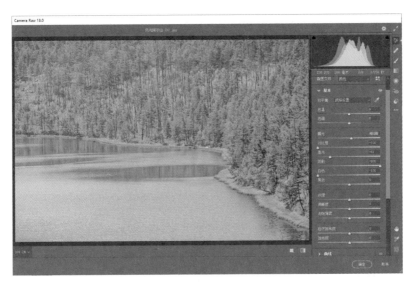

图 1-24

## 5. 曝光合理

第 5 类是影调分布均匀的直方图，也是比较正常的一类，如图 1-25 所示。大部分照片经过调整之后，都会有这样的直方图，无论暗部还是亮部都有像素出现，从最暗到最亮的各个区域，像素分布比较均匀。这张照片虽然暗部和亮部的像素比较多，反差比较大，但整体来看是比较正常的。

图 1-25

21

最后需要单独介绍一下直方图波形，如果最亮或最暗的部分有大量像素堆积，都是有问题的。比如黑色的 0 级亮度像素非常多，就会出现暗部溢出的问题，大量像素变为纯黑之后是无法呈现像素信息的；白色的 255 级亮度像素也是如此，如果纯白的像素非常多，就会出现高光溢出的问题。正常来说，一张照片的像素亮度应该位于 0 ~ 255 级，需要有像素的亮度达到 0 级和 255 级，但两端不能出现像素的堆积，这是直方图的标准和要求。

## 4 类特殊直方图

前面介绍了直方图的 5 种常见形式，下面单独介绍一些特例。

### 1. 高调

第 1 类特殊直方图，更多的像素位于直方图的右侧，是一种过曝的直方图，也就是说照片的整体亮度非常高，如图 1-26 所示。从照片来看，这是一幅浅色系景物占据绝对多数的画面，这种画面本身就是一种高调的效果。所以，有时看似过曝的直方图，实际上它对应的是高调的风光或人像画面，这种情况下，只要没有出现大量像素的过曝，就是没有问题的；出现过曝时，直方图右上角的警告标志（三角标）会变为白色。

图 1-26

### 2. 高反差

第2类特殊直方图，左侧暗部有一些像素堆积，右侧亮部也有像素堆积，是一种反差过大的直方图，中间调的像素有所欠缺，影调过渡不够理想，如图 1-27 所示。从照片来看，会发现照片本身就是如此，因为是逆光拍摄的画面，白色的云雾亮度非常高，逆光的山体接近黑色，所以画面的反差本身就比较大，这也是比较正常的。拍摄高反差场景时，比如拍摄日落或日出时的逆光场景，画面中往往会有较大的反差，直方图波形也是看似不正常的，但其实这也是一种比较特殊的影调输出状态。

图 1-27

### 3. 低调

第3类特殊直方图，从直方图来看，这是一张严重欠曝的照片，是有问题的，如图 1-28 所示。但从照片来看，它本身强调的是日照金山的场景，有意降低了周边的曝光值，从而形成明暗对比强烈的画面效果，是没有问题的。虽然直方图看似曝光不足，并且左上角的警告标志变白，表示有大量像素变为了纯黑色，但从照片效果来看，这是一种创意性的曝光，是没有问题的。

23

图 1-28

## 4. 灰调

第 4 类特殊直方图，左侧的暗部区域和右侧的亮部区域都缺乏像素，大部分像素集中于中间偏亮的位置，是一种孤空型的直方图。这种直方图对应的画面，通透度通常有所欠缺，对比度也比较低，如图 1-29 所示。但从照片来看，画面要的就是比较朦胧的影调效果，是没有问题的，这也是一种比较特殊的情况。

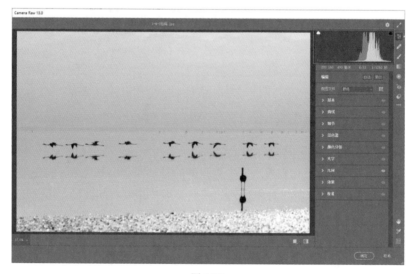

图 1-29

# 1.3 照片的影调类型

摄影中的影调，其实就是指画面的明暗层次。这种明暗层次的变化，是由景物之间的受光不同、景物自身的明暗与色彩变化所带来的。如果说构图是摄影成败的基础，那影调则在一定程度上决定着照片的深度与灵魂。

## ■ 256 级全影调

来看 3 张图片。图 1-30 所示的画面中只剩下纯黑和纯白像素，中间的灰调区域几乎没有，细节和层次都丢失了，这只能称为图片而不能称为照片了。

图 1-31 所示的画面，除了黑色和白色，中间亮度部分出现了一些灰色的像素，这样的画面虽然依旧缺乏大量细节，并且明暗过渡不够平滑，但相对前一张图片好了很多。

图 1-32 所示的画面，纯黑与纯白之间有大量灰调像素进行过渡，明暗过渡是很平滑的，因此细节非常丰富和完整。正常来说，照片都应如此。

图 1-30                 图 1-31                 图 1-32

从上面 3 张图片，我们可以知道：照片应该是从暗到亮平滑过渡的，不能为了追求高对比度的视觉冲击力而让照片损失大量中间灰调的细节。

下面我们通过一张有意思的示意图来对前面的知识进行总结，如图 1-33 所示。该图的第 1 行，只有纯黑和纯白两级的明暗层次，称为 2 级明暗，这就与图 1-30 中只有纯黑和纯白两种像素的画面效果对应了起来；第 2 行，除纯黑和纯白之外，还有灰调进行过渡，这就与图 1-31 的效果对应了起来；而第 3 行，从纯黑到纯白共有 256 级明暗，并且逐级变亮，明暗过渡非常平滑，这就与图 1-32 所示的照片对应了起来。

之前我们已经介绍过直方图的概念，如果将 256 级明暗过渡色阶放到直方图下面，可以非常直观地看出直方图的横坐标对应了从纯黑到纯白的影调效果，如图 1-34 所示。

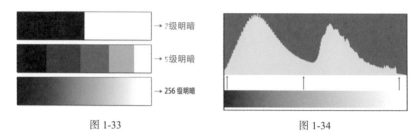

图 1-33                                    图 1-34

对于一张照片来说，从纯黑到纯白都有足够丰富的明暗层次，并且过渡平滑，那么这张照片就是全影调的，如图 1-35 所示，直方图看起来就会比较正常。

图 1-35

照片画面从纯黑到纯白有平滑的过渡，照片整体的影调才会丰富和优美。

■ 影调的长短分类

全影调的直方图，从纯黑到纯白都
有像素分布，这种画面的影调被称为长
调。从图1-36中可以看到，左侧纯黑位
置有像素分布，右侧纯白位置也有像素
分布，中间区域过渡平滑。

图1-36

除长调外，照片的影调还有中调和短调两种。

中调与长调最明显的区别是中调的暗部、亮部可能会缺少一些像素，或是两
个区域同时缺乏像素，如图1-37所示。因为缺乏高光或阴影，照片的通透度可能
会有些欠缺，但这类照片给人的感觉会比较柔和，没有强烈的反差。

短调通常是指直方图左右两侧波形分布的范围不足直方图框左右宽度的一
半，如图1-38所示。整个直方图框从左到右共256级亮度，短调的波形分布不足
一半，也就是不足128级亮度。

图1-37

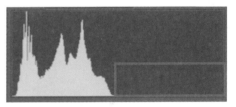

图1-38

■ 影调的高低分类

本书介绍过两种特殊情况的直方图，分别为高调和低调画面对应的直方图。
所谓高调与低调，是影调的另外一种分类方式，也是一种主流的分类方式。简单
来说，我们将256级亮度分为10个级别，左侧3个级别对应的是低调区域，中
间4个级别对应的是中调区域，右侧3个级别对应的是高调区域。

直方图的波形重心在哪个区域，或者说照片大量像素堆积在哪个区域，照片
就被称为哪个影调的摄影作品。比如，直方图波形重心位于左侧3个级别内，那
照片就是低调摄影作品；位于中间4个级别区域，那照片就是中调摄影作品；位
于右侧3个区域内，照片就是高调摄影作品。影调的低、中、高调划分示意图如
图1-39所示。

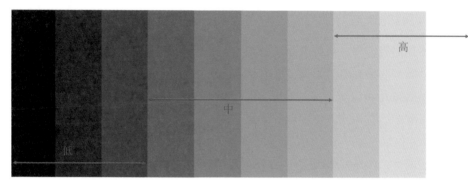

图 1-39

## ▓ 十大常见影调

### 1. 高长调

图 1-40 所示的这张照片，直方图波形重心位于右侧，处于高调区域，是高调，像素从纯黑到纯白都有分布，是长调，如图 1-41 所示，所以这张照片综合起来就是高长调的作品。

图 1-40                    图 1-41

### 2. 高中调

图 1-42 所示的这张照片，从直方图波形来看是非常明显的高调，而从直方图波形左右的宽度来看，暗部缺少一些像素，是一种中调效果，如图 1-43 所示，那么最终这张照片的影调就是高中调。

图 1-42                                                    图 1-43

### 3. 高短调

图 1-44 所示的这张照片，首先可以判断为高调，而从直方图波形的左右宽度来说，则是短调，如图 1-45 所示，那么最终这张照片的影调就是高短调。

图 1-44                                                    图 1-45

### 4. 中长调

图 1-46 所示的这张照片从直方图波形来看是中调，而根据直方图波形左右的宽度，可以判定是一张长调的照片，如图 1-47 所示，所以这张照片的影调就是中长调。

### 5. 中中调

图 1-48 所示的这张照片，直方图波形重心位于直方图的中间，是一张中调（高中低的中）的照片，根据波形的宽度，可以判断是一张中调（长中短的中）的照片，如图 1-49 所示，所以这是一张中中调的照片。

图 1-46 图 1-47

图 1-48 图 1-49

## 6. 中短调

图 1-50 所示的这张照片，根据直方图波形重心位置判定是中调，而根据波形的左右宽度判定是短调，如图 1-51 所示，所以这是一张中短调的照片。

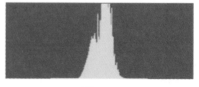

图 1-50 图 1-51

### 7. 低长调

图 1-52 所示的这张照片，首先根据波形重心位置判定是低调照片，然后根据波形的宽度，判定是长调照片，如图 1-53 所示，所以这是一张低长调的照片。

图 1-52

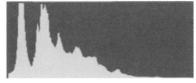

图 1-53

### 8. 低中调

图 1-54 所示的这张照片，从直方图来看，波形重心位于低调区域，是一张低调的风光摄影作品。我们再从影调长短来看，这张照片直方图的影调不属于长调或短调，而是中调，如图 1-55 所示。所以综合起来，这张照片的影调为低中调。

图 1-54

图 1-55

### 9. 低短调

图 1-56 所示的这张照片，是一张低短调的摄影作品，可以看到直方图的波形主要位于左侧，右半侧没有像素分布，如图 1-57 所示。照片画面看起来比较灰暗，严重缺乏亮部像素。通常情况下，短调的摄影作品比较少见，在一些夜景微光场景当中拍摄可能会出现这种影调的摄影作品。

31

图 1-56                                                          图 1-57

　　总结一下，高、中和低 3 种影调，每一种又可以按影调长短分为 3 类，最终就会有高长调、高中调、高短调、中长调、中中调、中短调、低长调、低中调和低短调 9 种。

　　需要注意的是，低短调、中短调和高短调照片因为缺乏的影调层次较多，所以画面效果可能不太容易控制，使用时要谨慎一些。

### 10. 全长调

　　除九大常见影调之外，还有一种比较特殊的影调——全长调。这种影调的画面中，主要像素为黑和白两色，灰调区域的像素很少，如图 1-58 所示，直方图波形主要分布在两侧，如图 1-59 所示。从这个角度来说，全长调的画面效果控制难度会非常大，稍不注意就会让人感觉不舒服。

图 1-58                                                          图 1-59

# 第 2 章

## Camera Raw 的全方位应用

本章中，我们将对 Adobe Camera Raw（ACR）这款 Photoshop 增效软件的所有功能、工具，以及这些功能与工具的常规用法进行全方位介绍。

Photoshop 自带 Camera Raw，我们在 Photoshop 安装完成后就可以使用 Camera Raw 处理用相机拍摄的 RAW 格式文件了。如果 Camera Raw 版本落后于相机版本，无法打开用相机拍摄的 RAW 格式文件，那就需要重新安装或升级。

# 2.1 光学

将拍摄的 RAW 格式文件拖入 Photoshop 后松开鼠标左键，RAW 格式文件会自动在 Camera Raw 中打开，如图 2-1 所示。首先来看"光学"面板的调整功能。

图 2-1

### ▨ 删除色差

在右侧的面板中切换到"光学"面板，在其中可以看到"删除色差"与"使用配置文件校正"这两个复选项。

放大照片可以看到，照片中明暗反差非常大的边缘线位置，有明显的紫边，如图 2-2 所示，有的照片中会有绿边。这是一种色差，一般来说在高反差景物交界处容易产生。

直接勾选"删除色差"复选项，就可以看到这种色差被很好地修复了，如图 2-3 所示。

图 2-2

图 2-3

### ■ 使用配置文件校正

如果照片是使用广角镜头拍摄的，可以发现画面四周存在一些比较明显的暗角，如图 2-4 所示。这是镜头边缘通光量不足导致的，这样的暗角会让画面整体的曝光显得不是特别均匀。

35

图 2-4

　　勾选"使用配置文件校正"这个复选项，可以看到四周的暗角得到了提亮，画面的整体曝光变得均匀了，如图 2-5 所示。实际上，如果照片是使用超广角镜头拍摄的，除暗角之外，画面四周可能还会存在一些几何畸变，因为这里的画面内容是自然风光，因此几何畸变不是特别明显，如果是拍摄建筑等题材，那么四周的几何畸变可能会更明显一些。勾选"使用配置文件校正"复选项后，无论暗角还是畸变都会得到修正。

图 2-5

■ 载入配置数据

当然，"使用配置文件校正"能否让画面得到校正还有一个决定性因素，即镜头配置文件是否被正确载入。大多数情况下，如果我们使用的是与相机同一品牌的镜头，也就是原厂镜头，那么机型及配置文件都会被正确载入，如图 2-6 所示。如果我们使用的镜头与相机非同一品牌，也就是副厂镜头，那么可能就需要手动选择镜头的型号。这样，即便是使用副厂镜头拍摄，也能够合理载入镜头配置文件，让画面的曝光变得均匀，并且让畸变得到很好的矫正。

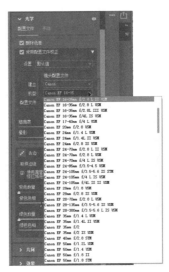

图 2-6

■ 校正量恢复

"使用配置文件校正"下方还有一组参数为"校正量"，"校正量"是为了避免软件自动校正过度，导致画面四周变得太亮，因此，可以在"校正量"中稍稍向左拖动"晕影"滑块，从而避免四周过亮。"扭曲度"参数也可以这样调整，向左拖动滑块表示降低校正量，向右拖动滑块则表示提高校正量。本例可以适当降低"晕影"参数，避免四周过亮，如图 2-7 所示。

图 2-7

37

图 2-8

## ■ 手动校正

对一些特殊情况，可能软件的自动校正不能达到非常完美的效果，这时就需要进行手动校正。

为了让校正效果更明显，我们先取消勾选自动校正中的"删除色差"复选项，如图 2-8 所示，即取消自动校正。

图 2-9

切换到"手动"面板，在下方可以看到"去边"这组参数，其中有紫色和绿色色差两组参数可调整，如图 2-9 所示。本例中主要存在紫色色差，所以首先将"紫色色相"定位到色差颜色，即确保色差颜色落到两个滑块中间，然后稍稍提高"紫色数量"的值就可以完成对紫边的修复。可以看到，通过这种手动校正，边缘的色差也被很好地修复了，如图 2-10 所示。

图 2-10

# 2.2 基本调整

下面来看"基本"面板。

## ■ 曝光

大多数情况下，在"基本"面板中，可用第一个选项"曝光"来调整画面整体的明暗。打开照片之后，观察照片的明暗状态，如果感觉照片偏暗，那么可以提高"曝光"的值，稍稍提亮照片；反之，则降低"曝光"的值，压暗照片。

本例整体是有一些偏暗的，所以提高"曝光"的值，提高的幅度不宜过大。观察直方图波形可以看到，提高"曝光"的值之后，如图 2-11 所示。

图 2-11

## ▦ 高光与阴影

调整"曝光"的值改变的是照片整体的明暗，但调整"曝光"的值后，仍有一些局部的明暗状态可能不是很合理，细节的显示不是太理想，这时可以通过调整"高光"和"阴影"的值，来进行局部的改变。本例中，画面中局部区域亮度过高，那么可以降低"高光"的值，这样可以恢复照片亮部的细节和层次。背光的暗部同样丢失了细节和层次，因此提高"阴影"的值，此时可以看到背光的山体部分显示出了细节，如图 2-12 所示。

图 2-12

■ 白色与黑色

　　"白色"和"黑色"这组参数与"高光"和"阴影"这组参数有些相似，但这两组参数也有明显差别，"白色"与"黑色"对应的是照片最亮与最暗的部分，只有"白色"足够亮，"黑色"足够暗，才能够让照片变得更加通透，效果更加自然，影调层次更加丰富。通常情况下，在降低"高光"的值、提亮"阴影"的值之后，要适当地提高"白色"的值、降低"黑色"的值，让照片最亮与最暗的部分变得合理，如图 2-13 所示。比较理想的状态是，"白色"的亮度达到 255，"黑色"的亮度达到 0，这样照片会变得更加通透，影调层次更加丰富。

图 2-13

　　在改变"白色"与"黑色"的值时，可以先大幅度提高"白色"的值，此时观察直方图右上角的三角标志，待三角标志变白之后，单击该三角标志。可以看到，图中出现了红色色块，这是在警告高光出现了严重溢出，如图 2-14 所示。

　　之后再次单击右上角的三角标志，取消高光显示，然后向左拖动"白色"滑块以追回损失的亮部细节。如果是暗部细节损失，则需要向右拖动"黑色"滑块。图 2-15 演示的是高光溢出的情况，阴影溢出的情况不再演示，其原理是一样的。

图 2-14

图 2-15

## ▓ 对比度

对于"基本"面板中的调整，我们可以通过之前的 5 个参数将照片基本调整到位。我们要介绍的第 6 个参数是"对比度"。调整对比度可以让原本对比度不够的画面变得反差更加明显，画面更加通透，影调层次更加丰富。如果画面反差

42

过大，则需要降低"对比度"的值，让画面由亮到暗的影调过渡变得更加平滑。一般来说，无论提高还是降低"对比度"的值，幅度都不宜过大，否则容易让画面出现失真的问题。

图 2-16

### ■ 白平衡与白平衡工具

再来看白平衡调整，白平衡用于控制画面的基本色调。当前的相机，特别是中高档相机，它的白平衡模式如果设定为自动，相对来说还是比较准确的，如果出现画面色调、色彩不准确的问题，那么可以直接展开"白平衡"列表，在其中选择对应的白平衡模式。因为我们拍摄的是 RAW 格式文件，所以在"白平衡"列表中有多种内置的白平衡模式，这与拍摄时直接在相机中设定白平衡模式基本一致。本例中画面的色彩没有太大问题，但为了讲解白平衡的功能，这里展开"白平衡"列表，在其中选择"阴影"白平衡模式，这时可以看到画面色彩有轻微改变。实际上这张照片中虽然有明显的太阳光线，但因为被乌云遮挡，场景效果更接近多云或阴天的效果，所以这里选择了"阴天"。比较容易混淆的是"阴天"与"阴影"这两个模式，"阴影"主要是对一些没有高光区域，且有比较明显的背光区域的照片进行白平衡调整；类似这种多云或阴天的天气，设为"阴天"白平衡模式效果会更好，如图 2-17 所示。

43

图 2-17

　　白平衡调整的另一种方式是使用白平衡工具，具体操作时，在白平衡选项右侧单击"吸管"，也就是"白平衡工具"，然后在照片中原本是白色或是灰色的区域上单击，此时照片其他区域的色彩就会以此区域为基准进行还原，这样往往就能得到非常准确的色彩效果，如图 2-18 所示。

图 2-18

■ 色温与色调

如果利用"白平衡工具"单击的位置有明显的色彩倾向，那么这种调整是不够准确的。下方的"色温"与"色调"两个参数其实就是调整白平衡所改变的两个参数，无论我们选择特定的白平衡值，还是使用"白平衡工具"进行色彩的调整，本质上调整的都是这两个参数。可以看到，"色温"对应的是蓝色与黄色，也就是冷色调与暖色调，"色调"对应的则是绿色与洋红，这两种色彩对应的是照片的色彩偏好。即便我们不进行白平衡模式的选择，不使用"白平衡工具"调整画面色彩，也可以直接判断画面色彩来改变"色温"与"色调"的值，让照片色彩变得合理，如图 2-19 所示。

图 2-19

# 2.3 偏好调整

"基本"面板底部是两组比较特殊的参数，一组是"纹理""清晰度""去除薄雾"，另外一组是"自然饱和度"与"饱和度"。

### ◼ 纹理、清晰度与去除薄雾

下面先来看"纹理"与"清晰度"。

"纹理"主要用于提升画面整体的锐度，类似于"细节"面板中的"锐化"，如图 2-20 所示。

图 2-20

"清晰度"用于强化景物的轮廓线条，让景物更清晰，如图 2-21 所示。

图 2-21

　　稍稍提高"去除薄雾"的值，可消除照片中的雾霾或雾气，让画面更加通透。

　　本例中基本没有太多雾霾或雾气，所以可以稍稍提高"去除薄雾"的值，让照片更通透一些，但值一定不能过大，如图 2-22 所示。

图 2-22

### ■ 自然饱和度与饱和度

　　"自然饱和度"与"饱和度"，其实它们之间的关系非常简单。大多数情况下，我们主要是调整"自然饱和度"。所谓的"饱和度"调整，是指不区分颜色的分布状态，整体提高所有色彩的饱和度，或是降低所有色彩的饱和度。但是"自然饱和度"却不是如此，我们提高"自然饱和度"时，软件会检测照片中各种色彩的强度，它只提高原本饱和度比较低的一些色彩的饱和度。如果降低"自然饱和度"的值，软件同样会进行检测，只降低饱和度过高的一些色彩的饱和度，这样会让画面整体显得更加自然一些。所以在自然风光照片的后期处理中，我们主要调整的是"自然饱和度"。

　　将"自然饱和度"的值调到最高，可以发现原照片中饱和度较低的蓝色天空等区域的色彩饱和度被大幅度提高，原本色彩饱和度比较高的地景部分则不会发生较大变化，如图 2-23 所示。

图 2-23

　　将"饱和度"的值调到最高，可以发现原照片中各种色彩，饱和度无论高低，都会被再次提高，如图 2-24 所示。

图 2-24

48

对于这张照片来说，适当提高"自然饱和度"的值，就可以得到比较自然、协调的效果，如图 2-25 所示。

图 2-25

# 2.4 调色

之前我们所介绍的一些功能和参数主要针对的是照片影调和画质的调整，下面再来看 Camera Raw 中的一些具体调色技巧。

### ■ 原色与（原色）饱和度

首先来看"校准"面板中的原色，展开"校准"面板，在其中可以看到"原色"这个参数。

"校准"面板在近年来的摄影后期处理中非常流行。进入面板看到其中的参数之后，许多初学者可能不明所以，不知道不同参数所代表的意义，其实非常简单，实际上就是调整不同的原色以快速统一画面色调。

图 2-26

这里以蓝原色为例，如果向左拖动蓝原色的"色相"滑块，那么画面中的冷色系都会向青色方向靠拢（蓝原色色条左侧为青色），这样就可以让冷色系变得统一；如果向右拖动，则画面冷色调会向蓝色统一（蓝原色色条右侧为蓝色）。

Tips

　　拖动蓝原色的"色相"滑块时，冷色调发生变化，对应的暖色调也会变化。如果向左拖动滑块，冷色偏青，暖色也会向青色的补色方向偏移，如图2-26所示。

　　本例中，向左拖动蓝原色滑块，可以看到照片当中的冷色系开始整体趋向于青色，变得一致和协调。

　　提高"蓝原色"中"饱和度"的值，画面中冷色调色彩的饱和度会变高，除此之外，暖色调色彩也会向冷色调色彩的补色方向偏移，如图 2-27 所示。

图 2-27

## ■ 颜色分级功能分布

　　"颜色分级"面板在 12.4 之前的旧版本中称为"分离色调"，新版本的这一功能更为强大，可以让一些大光比的照片变得非常漂亮。在该面板中，可以对高反差的照片进行亮部及暗部色彩的分别渲染，比如可以为亮部渲染一种暖色调，为暗部渲染一种冷色调，让画面亮部和暗部的色彩都非常干净，并产生强烈的冷暖对比，以达到一种漂亮的色彩效果。

　　进行色彩渲染时，只有提高对应的饱和度，渲染的色彩才能起作用。"颜色分级"面板中，上方的色相用于确定渲染哪一种色彩，如图 2-28 所示。

图 2-28

## ■ 亮部渲染与暗部渲染

　　针对本例，亮部一般要渲染暖色调，如图 2-29 所示。

图 2-29

　　因为感觉渲染的色彩过于偏红，所以稍稍向右拖动"色相"滑块，让渲染的色彩不会过于偏红，如图 2-30 所示。

60951

图 2-30

对于本例来说，其暗部本身是偏冷色调的，所以没有必要调整，如图 2-31
所示。

图 2-31

■ 平衡与混合

所谓"平衡"，是指通过拖动"平衡"滑块来限定亮部与暗部的色彩渲染倾向。比如向左拖动"平衡"滑块，就表示我们提高暗部色彩渲染的强度，而降低对亮部色彩渲染的强度；反之则是提高亮部色彩渲染的强度，降低暗部色彩渲染的强度，如图 2-32 所示。

图 2-32

"混合"是指亮部和暗部所渲染色彩的混合程度的高低，以及效果的自然度。

■ HSL 与颜色

再来看"混色器"功能。在"混色器"功能中，有两个调整选项，分别为"HSL"和"颜色"，这两种调整本质上并没有什么不同，它们调整的都是 HSL，H 代表色相，S 代表饱和度，L 代表明亮度。这两个不同选项只是参数功能的组合方式不同，可以分别进行设定和查看。

设定"HSL"之后，可以看到，多种不同颜色的"色相"集中起来，展示在一个面板当中，"饱和度""明亮度"也是如此，如图 2-33 所示。

"颜色"调整将每一种颜色的色相、饱和度、明亮度放在一个面板中，以颜色为基准进行分类，如图2-34所示。

图 2-33

图 2-34

### 暖色调的统一与冷色调的统一

本例中，首先进行"色相"的调整。观察照片发现，处于亮部的天空有黄色、红色和橙色，这些不同的色相虽然让亮部显得比较自然，但是也让画面显得比较杂乱。实际上，我们可以通过调整"色相"，让亮部变得更加干净。首先向左拖动"黄色"滑块，可以让黄色变暖一些；再向左拖动"橙色"滑块，让黄色继续变暖，向偏橙色的方向发展。这样的调整就使天空部分的色彩，特别是暖色调色彩变得更加相近，整体偏橙色，显得非常干净，如图2-35所示。

实际上，暖色调向橙色方向发展，冷色调向蓝色方向发展，这样暖色调部分和冷色调部分都会变得非常干净。前面我们统一的主要是暖色调，下面再来看冷色调。对于冷色调，可以看到，照片的暗部虽然是青蓝色，但是蓝色中带有紫色，显得不太纯粹。因此，通常情况下，要向左拖动"紫色"滑块，让蓝色变得更加纯净，这样就统一了冷色调。可以看到，画面中的冷色调整体变得更加干净，如图2-36所示。

图 2-35

图 2-36

## ▤ 饱和度与明亮度的调整

　　对于自然风光摄影来说，大部分情况下，画面中会存在一些饱和度过高的色彩。饱和度容易过高的色彩主要是蓝色、青蓝色等冷色调。因为一般来说，亮部的橙色、黄色、红色等饱和度不会显得太高，暗部只要有些许冷色调感觉就行，没有必要让这种冷色调的饱和度太高，否则画面就会显得不自然。本例也是如此，

55

画面中，天空的冷色调太重，与暖色调形成强烈的冲突，显得主次不够分明，因此切换到"饱和度"子面板，降低"浅绿色""蓝色""紫色"的饱和度，这样能让画面的色彩主次更加分明，显得更有秩序感，如图 2-37 所示。

图 2-37

降低"蓝色"等的饱和度之后，画面的层次感会变弱，这时要切换到"明亮度"子面板，降低"橙色""黄色""蓝色"的明亮度，压暗相应区域，追回这部分的影调信息，让画面有更大的反差，如图 2-38 所示。

图 2-38

### ■ 目标调整工具使用

"混色器"面板中有一个"目标调整工具"。选择该工具之后，在画面中右击，可以在弹出的菜单中选择不同的调整项，比如"饱和度""明亮度"等都可以这样调整，如图 2-39 所示。

图 2-39

在本例中，以选择"饱和度"为例，对于亮部，可以按住鼠标左键并在该区域向右拖动，提高这部分的饱和度，这就是前面所介绍的知识点。对于冷色调部分，往往要降低它的饱和度，而对于暖色调部分，往往要提高它的饱和度，如图 2-40 所示。当然，借助"目标调整工具"，我们还可以对"色相""明亮度"等进行调整，这里就不再演示了。

图 2-40

57

# 2.5　色调曲线

接下来介绍"曲线"功能。实际上，Camera Raw 中的"曲线"功能与 Photoshop 当中的"曲线"基本一致，这里进行简单介绍，后续在 Photoshop 功能运用中会详细介绍"曲线"功能的使用方法。

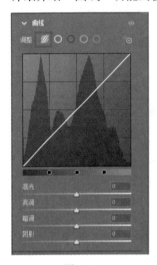

图 2-41

### ■ 参数曲线

展开"曲线"面板，在其中选择"调整"列表中的第一项，也就是参数曲线。此时，在曲线框下方可以看到"高光""亮调""暗调""阴影"4 个参数，如图 2-41 所示。

具体调整时，只要分别拖动这 4 个参数的滑块，就可以实现很好的调整。"高光"与"阴影"分别对应照片中最亮与最暗的部分，"亮调"与"暗调"分别对应整体上的亮调部分与暗调部分。这个比较容易理解，即便不理解，拖动滑块也可以看到曲线的变化，实现特定的调整效果。

### ■ 点曲线

在曲线的"调整"列表中，第二项为点曲线，点曲线与 Photoshop 中的曲线基本一致，如图 2-42 所示。

可以看到下方没有了"高光""亮调""暗调""阴影"，而是"输入""输出"两个参数。后期软件中的输入与输出，是非常有代表性的两个参数，输入对应的是照片的原始状态，输出对应的是照片调整之后的状态，如图 2-43 所示。

图 2-42

58

图 2-43

# 2.6 画质优化

　　切换到"细节"面板，在其中可以看到"锐化""半径""细节""蒙版""减少杂色"等参数。"锐化""半径""细节""蒙版"这几个参数主要用于调整照片的锐度，提高画面的清晰度；"减少杂色"主要用于消除照片中的单色噪点；"杂色深度减低"主要用于消除照片中彩色的噪点。

### ■ 锐化、细节与半径

　　如图 2-44 所示，一般来说，"锐化""半径""细节"这 3 个参数都可用于提高照片的锐化程度。最常用的是"锐化"，如果提高"锐化"的值，那么画面的锐利程度会得到明显提升。但要注意，"锐化"的值不宜过高，否则画面会出现不自然的问题。"细节"也是如此，它表示通过提高"细节"的值，让画面中的细节信息更加丰富、清晰和锐利，如图 2-45 所示。

图 2-44

图 2-45

　　如果提高"半径"的值，也可以让画面变得更加清晰锐利。如果"半径"的值降到最低，那么软件对于"锐化"与"细节"的调整效果也会变弱。

　　实际上，"半径"值是指像素的距离，比如我们设定某一个"半径"值，那么它是指以某个像素为基点，向周边扩展我们所设定的"半径"值数量的像素。

假设设定"半径"为 8，那么选定某个像素之后，向周边扩展 8 个像素，在这个范围之内的像素之间的对比度和清晰度会被提高，也就是会被锐化。如果设定的"半径"为 2，那么这个像素周边 2 个像素范围之内的像素之间的对比度和清晰度会被提高，锐化效果自然会比"半径"值为 8 时弱一些，这是锐化的原理，如图 2-46 所示。

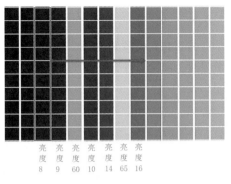

图 2-46

## ■ 蒙版

"蒙版"的功能非常强大，它主要用于限定我们进行锐化处理的区域。调整时，按住 Alt 键，向右拖动"蒙版"滑块，可以看到照片中有些区域变为白色，有些区域变为黑色，白色表示进行锐化之后受影响的区域，黑色表示不进行调整的区域。一般来说，锐化的主要是景物比较明显的边缘区域，大片的平面区域则不进行锐化。比如天空等位置，是不进行锐化的，如图 2-47 所示。

图 2-47

■ 减少杂色与杂色深度减低

　　与锐化相对应的是降噪，降噪有两组参数，一组是"减少杂色"，另一组是"杂色深度减低"，首先将这两组参数的值都归零，如图 2-48 所示。

图 2-48

　　"杂色深度减低"主要用于消除照片中彩色的噪点，它与"减少杂色"不同，"减少杂色"用于消除单色的噪点。可以看到，提高"杂色深度减低"的值之后，画面中的彩色噪点得到了消除，如图 2-49 所示。

图 2-49

这张照片因为我们后期进行了大幅度的提亮，特别是对暗部，那么暗部就会产生噪点，我们提高"减少杂色"的值，可以看到噪点明显变少，如图 2-50 所示。

图 2-50

# 2.7 快照与预设

照片完成调整之后，可以先将当前的效果通过快照的方式保存起来，然后再进行其他的调整。

## 创建并使用快照

首先来看创建快照。调整完毕之后，画面到达了一种比较理想的效果，如果我们要将处理过的照片的各种参数及效果（见图 2-51）保存下来，可以在右侧工具栏中选择"快照工具"，这样会切换到"快照"面板，在"快照"面板右侧单击"创建快照"按钮，如图 2-52 所示。

图 2-51

图 2-52

　　打开"创建快照"对话框，在其中为当前的快照命名，这里设置"名称"为"暖色效果"，然后单击"确定"按钮。此时可以看到"快照"面板中出现了"暖色效果"快照，如图 2-53 所示。

图 2-53

接下来继续对照片进行处理，处理为冷色调效果之后，再创建一个名称为"冷色效果"的快照。可以看到，"快照"面板中有"冷色效果"和"暖色效果"两个快照，每一个快照表示一种处理效果，如图 2-54 所示。

图 2-54

如果要使用不同的快照，在"快照"面板中分别单击不同名称的快照即可。比如单击"暖色效果"快照，就调出了之前处理的暖色调效果，如图 2-55 所示。

65

图 2-55

■ 使用内置预设

接下来介绍预设功能的使用方法。在工具栏中单击"预设"按钮，进入"预设"面板。在其中可以看到两大类主要的预设，第一类是"颜色""创意"等，这一系列预设是系统自带的。而下方的预设则是从网上下载的一些第三方预设，最后内置到 Camera Raw 当中，如图 2-56 所示。读者可以在网上学习这类预设的使用方法。使用预设时，直接单击相应的预设，就可以套用这种预设进行一键修片。这种一键修片与我们使用配置文件所实现的效果有些相似，后续还需要进行一些参数的调整，并不是真正的一键修片。

图 2-56

### ■ 手动创建预设

之前我们介绍了预设的一些类型，下面介绍如何在 Camera Raw 中创建预设。依然是同一张照片，我们处理完毕之后，在工具栏中间位置单击"扩展菜单"按钮，在打开的菜单中选择"创建预设"命令，如图 2-57 所示。

打开"创建预设"对话框，在其中为预设命名，这里命名为"川西青橙色"。在下方的参数列表中，要取消勾选"几何"这组参数，因为不同

图 2-57

照片的倾斜程度是不一样的，我们不可能将这张照片的水平和竖直线调整套用到其他照片上，但是，对于它的影调、色彩等的调整则可以套用到其他照片上。设定好之后单击"确定"按钮，如图 2-58 所示，这样就创建了一个新的预设。

在"预设"面板下方，可以看到刚刚创建的"川西青橙色"预设，单击"完成"按钮即可，如图 2-59 所示。

图 2-58

图 2-59

# 2.8 经验性操作

下面介绍有关 Camera Raw 的一些经验性操作。

## ■ 复位为默认值

首先来看复位为默认值。如果我们对照片进行了大量的调整，但是发现调整出现了严重问题，或者说思路有问题，那么这时可以先将处理效果进行复位。具体做法是，在工具栏中间位置单击"扩展菜单"按钮，在打开的菜单中选择"复位为默认值"命令，这样可以将当前的调整效果进行复位，如图 2-60 所示。

图 2-60

复位之后，可以看到照片回到了原始状态，如图 2-61 所示。

图 2-61

## ■ 载入设置

接下来看载入设置。载入设置是一个非常好用的功能，如果我们打开了大量原始照片，那么全选之后可以通过“载入设置”进行照片的批量处理，有兴趣的读者可以进行尝试。下面我们通过一张照片来进行介绍，依然是之前自然风光照片的原始照片。展开菜单后选择“载入设置”命令，如图 2-62 所示。

打开“载入设置”对话框，在其中选择我们之前对这张照片，或者说对同类照片进行处理时所产生的 XMP 格式文件，然后单击“打开”按钮，如图 2-63 所示。

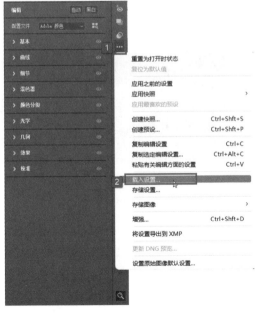

图 2-62

69

图 2-63

这样就将我们之前对照片进行处理的操作步骤套用到了当前照片上，从而快速完成了照片的后期处理，如图 2-64 所示。

图 2-64

■ 缩放比例

下面再来看照片的显示设置。在工作区左下角，可以设定照片显示的比例，大部分情况下，我们可以直接设定为"符合视图大小"，也就是让照片填充整个工作区。当然还可以根据实际情况，在列表中选择放大或缩小照片，如图 2-65 所示，这对照片本身是不会产生影响的，只是为了方便我们观察。

图 2-65

之前已经介绍过，设定"符合视图大小"比较便于我们观察，但在实际使用中，我们不可能每一次放大或缩小之后，要恢复为"符合视图大小"时，都通过打开列表来进行选择。这时其实有一种非常简单的方法，可以按 Ctrl+0 组合键，直接将照片设定为"符合视图大小"，这是由 Photoshop 软件主体所延伸出来的一种功能，也是快捷键的一种应用。

### ▨ 其他 Photoshop 操作习惯

另外，这里介绍一些 Photoshop 的操作习惯延伸到 Camera Raw 中的应用，比如，如果我们要放大或缩小照片，在 Camera Raw 中的操作与 Photoshop 完全相同，直接按 Ctrl++ 组合键可以放大照片，按 Ctrl+- 组合键可以缩小照片。如果我们在 Photoshop 软件的首选项中设定了可以通过滚动滚轮来放大或缩小照片，那么这种设定在 Camera Raw 中也是适用的。

### ▨ Camera Raw 界面布局

从 12.4 版本开始，Camera Raw 的界面布局发生了较大变化，右侧的照片调整面板已经由横向的布局变为了纵向的布局，而胶片窗格则由默认的左侧竖排改为了默认的下方横排，但是为了照顾老用户的使用习惯，新版本的 Camera Raw 仍然设定了垂直和水平两种布局方式。展开"设定"菜单，选择"垂直"命令，就可以让胶片窗格位于界面的左侧；选择"水平"命令，则可以让胶片窗格位于工作区的下方，这有点类似于 Lightroom 的界面布局方法，如图 2-66 所示。

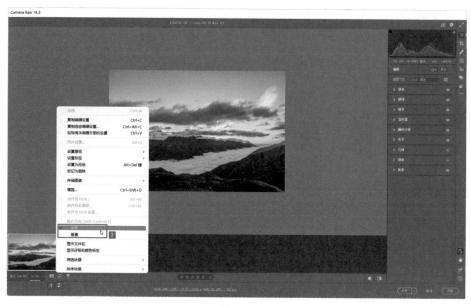

图 2-66

■ **适度图片管理功能**

新版本的 Camera Raw 对图片管理功能进行了增强，利用此功能，我们可以对照片进行简单的星级评定和色标管理。工作区下方有 5 颗星星的标记和色标选项，可以通过单击不同数量的星星的方式对照片进行评级，也可以通过选择不同色标为照片进行标定，如图 2-67 所示。

图 2-67

# 2.9 软件设定

接下来介绍 Camera Raw 软件的一些设定。

## ■ 首选项与工作流程

首先来看首选项与工作流程。同样，Camera Raw 新版本的"首选项"位置发生了变化，被设定到了界面的右上角。工作区下方的色彩空间链接，如图 2-68 所示，之前称为工作流程选项，现在单击该链接之后，可以直接进入"首选项"对话框，即工作流程选项被集成到了"首选项"对话框中。

图 2-68

在"首选项"对话框中，左侧列表中有"常规""文件处理""性能""Raw 默认设置""工作流程"等不同的选项卡，"工作流程"作为一个选项卡，被内置到了"首选项"对话框中。

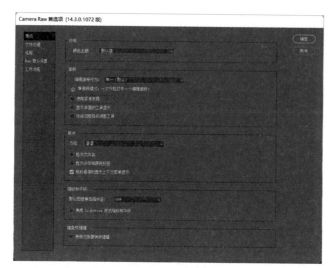

## ■ 紧凑布局

对于"常规"的设定，这里需要注意"使用紧凑布局"复选框，如图 2-69 所示。勾选该复选框之后，单击"确定"按钮，Camera Raw 会自动退出，再次载入时，用户界面的文本字体会变小。

图 2-69

## ■ 针对 XMP 格式文件的设定

在"文件处理"选项卡下，"附属文件"列表中有 3 个选项，如图 2-70 所示。大多数情况下，我们要选择"始终使用附属 XMP 文件"选项，因为通过使用 XMP 格式文件记录我们对 RAW 格式文件的处理操作步骤和过程，可以为批量处理及后续应用做好准备。如果没有这个 XMP 格式文件，那么后续我们对照片所进行的处理可能就会丢失，并且也没有办法进行快速的批量处理。

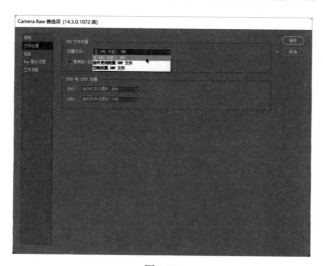

图 2-70

74

■ Camera Raw 针对 JPEG 格式文件的设定

　　"文件处理"选项卡中，JPEG 列表中的 3 个选项如图 2-71 所示。这里要注意 "自动打开设置的 JPEG"和"自动打开所有受支持的 JPEG"这两个选项，如果我们要使用 Camera Raw 对 JPEG 格式照片进行处理，那么可以设定"自动打开所有受支持的 JPEG"，这样我们将 JPEG 格式照片拖入 Photoshop 后，照片会自动在 Camera Raw 中打开，我们能够使用所有 Camera Raw 的功能。设定后，如果我们选择多张 JPEG 格式照片，同时拖入 Photoshop，那么这些 JPEG 格式照片会同时在 Camera Raw 中打开，我们可以快速地进行批量处理。

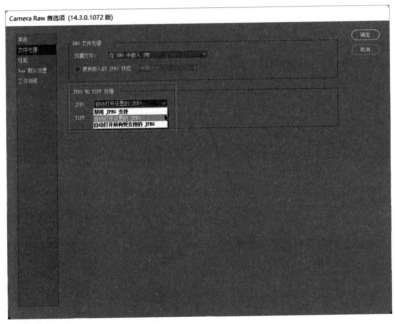

图 2-71

■ Camera Raw 高速缓存

　　"性能"选项卡中，我们要注意 "Camera Raw 高速缓存"这组参数，软件会根据你的计算机的性能，自动设定一个默认值，图 2-72 中设置的是 5GB 的缓存，但实际上建议"最大大小"设定为 50GB 甚至更高。使用一段时间之后，可以单击"清空高速缓存"按钮，这样可以对高速缓存进行清理，从而提升 Camera Raw 的运行速度。

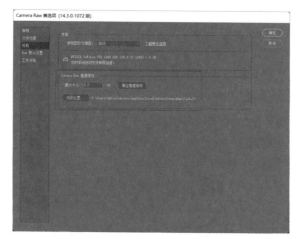

图 2-72

## 处理时的图像大小调整

在"工作流程"选项卡中，我们要注意"调整图像大小"这组参数，调整大小设定能确保我们在对照片进行压缩后，减少处理照片时的数据量，从而提高软件的运行速度。设定图像大小时勾选"调整大小以适合"复选项，在其后的列表中选择"长边"后并设置像素，宽边的像素就会由软件自动根据原照片的长宽比进行设定，所以我们没有必要对长边和宽边都进行设定，如图 2-73 所示。

图 2-73

### ■ 在 Photoshop 中打开智能对象

另外一个值得注意的选项是"在 Photoshop 中打开为智能对象"。勾选该复选项之后，Camera Raw 主界面右下角的"打开图像"按钮就变为了"打开对象"按钮，如图 2-74 所示。

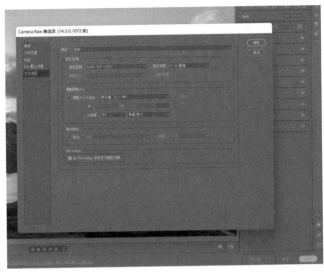

图 2-74

单击该按钮，我们处理的 RAW 格式文件就会在 Photoshop 中以智能对象的方式打开，可以看到 Photoshop 主界面的"图层"面板中照片缩略图右下角出现了智能对象的标志，如图 2-75 所示。出现这个标志之后，我们双击该照片缩略图，就可以再次回到 Camera Raw 中，这样就可以在 Camera Raw 与 Photoshop 之间快速地切换。

图 2-75

# 第 3 章

# Camera Raw 蒙版的局部
# 调修思路与技巧

　　在 12.3 及之前版本的 Camera Raw 中，对照片局部进行调整的工具主要有 3 种，分别是线性渐变工具、径向渐变工具、画笔工具。从 12.4 版本开始，Camera Raw 对局部工具进行了整合，增加了选择主体、选择天空、色彩范围和亮度范围等局部调整工具，与之前就存在的线性渐变等局部调整工具一起构成了蒙版功能。

　　借助蒙版功能，摄影师可以在 Camera Raw 中对照片进行非常细致的局部调整，让照片变得更具艺术表现力。

# 3.1　蒙版的基本操作与使用

## ■ 线性渐变

首先将准备好的 RAW 格式文件拖入 Photoshop，该文件会自动在 Camera Raw 中打开，此时可以看到打开的原文件，如图 3-1 所示。

图 3-1

首先在右侧面板上方单击"自动"按钮，由软件对照片的影调层次及色彩进行初步优化，然后在展开的"基本"面板中，在自动优化的基础上手动进行一些调整，进一步优化照片的整体效果。主要的调整包括稍稍提高"对比度"的值，避免照片过于发灰；降低"高光"的值，提高"阴影"的值，追回亮部和暗部的细节；稍稍降低"黑色"的值，确保画面有足够的对比度，让画面整体足够通透，如图 3-2 所示。对画面进行手动调整之后，接下来我们借助局部工具对照片的一些局部进行强化，而对另外一些局部进行弱化。

在右侧工具栏中单击"蒙版"按钮，进入蒙版面板之后，选择"线性渐变"，如图 3-3 所示。

图 3-2

图 3-3

我们发现这张照片天空上方以及右侧等位置的亮度是比较高的，但我们要强调的视觉中心主要是远处的雪峰以及近处的佛光，那么就考虑用局部工具对天空边缘进行压暗，对于这种形状比较规则的天空，可以用"线性渐变"来压暗。

在天空位置由上向下拖动制作渐变，可以看到制作的渐变区域以红色显示，如图 3-4 所示。当然，这个红色表示的只是我们要调整的区域而非实际的调色效果，之后还要在参数面板中进行调整。

80

图 3-4

降低"曝光""饱和度"的值，再稍稍降低"黑色"的值之后，可以看到天空由上向下有一个较好的明暗的过渡，边缘比较暗，而中间部分的亮度依然比较高，这有利于观者将视线集中在画面中间，如图 3-5 所示。

图 3-5

图 3-6

将天空边缘压暗之后，可以看到画面右侧亮度依然比较高，在工作区右上角的面板中单击"添加"按钮，在弹出的菜单中选择"线性渐变"命令，如图 3-6 所示，再次添加一个渐变，由照片右侧向内拖动制作一个渐变。此时我们可以看到制作第一个渐变时会生成"蒙版 1"，而两个线性渐变位于"蒙版 1"之下，同一蒙版下的各个不同局部调整的参数是完全一样的，我们也可以认为一个蒙版只有一组参数，如图 3-7 所示。

这样我们就压暗了照片的上方天空以及右侧边缘，照片中间区域的亮度比较高，因为重点景物都位于中间区域。

图 3-7

82

■ 径向渐变

接下来我们对佛光部分进行强化。因为当前的佛光效果还不是特别清楚，因
此我们创建一个"径向渐变"来对其
进行强化。

具体操作是在上方的蒙版面板
中单击"创建新蒙版"按钮，这样创
建的新蒙版的参数就要重新设定，跟
之前创建的"蒙版1"参数不一样。
选择"径向渐变"命令，如图3-8所
示，在佛光周边拖出径向渐变区域，
如图3-9所示。

图 3-8

图 3-9

稍稍提高"曝光"的值，提高"对比度"的值，降低"黑色"的值，提高"饱
和度"的值，提高"清晰度"的值，以强化佛光，让佛光轮廓更清晰，色彩更浓郁，
可以看到最终的效果确如我们所希望的那样，更突出、更清晰了，如图3-10
所示。

83

图 3-10

　　我们的这种调整也影响到了佛光周边的一些区域，这个时候我们就要考虑将没有佛光的区域排除在径向调整之外。在右上角的蒙版面板单击"减去"按钮，在弹出的菜单中选择"亮度范围"命令，如图 3-11 所示。在下方的阴影中单击，那么过多的包含进来的阴影部分就会被排除，或者我们也可以这样认为，与我们单击位置亮度相近的一些区域就会被减去。与我们单击位置亮度相近的就是处于阴影中的云海部分，如图 3-12 所示。

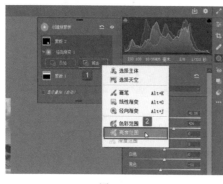

图 3-11

图 3-12

　　在蒙版面板的左下角勾选"显示叠加"复选项，调整区域就会以红色标注出来，

84

可以看到阴影中的云海部分被排除在了调整区域之外，调整区域只是受光线照射的云海部分，如图 3-13 所示。

图 3-13

### 画笔

观察照片，我们会发现左侧与右侧两处山体整体的饱和度比较高，而之前我们已经介绍过这张照片的两个视觉中心是佛光和远处的雪峰。

两侧比较小的山体饱和度过高会分散观者的注意力，因此我们单击"创建新蒙版"按钮，在弹出的菜单中选择"画笔"命令，如图 3-14 所示，稍稍降低"曝光"的值，降低"高光""黑色""饱和度"的值，在左右两侧的山体上进行涂抹，弱化这两部分的视觉效果，如图 3-15 所示。

图 3-14

图 3-15

　　如果感觉饱和度依然过高，那么可以在右侧的参数面板中继续降低"高光"和"饱和度"的值，让左右两侧的亮度再次降低。经过这种调整，可以看到两侧山体的视觉效果被弱化了，如图 3-16 所示。

图 3-16

对于远处的雪峰部分，我们可以单击"创建新蒙版"按钮，选择"画笔"命令，如图 3-17 所示。

稍稍提高"曝光"的值，降低"高光"的值避免雪峰部分出现曝光过度的问题，提高"纹理""清晰度""去除薄雾"的值，以强化远处雪峰的轮廓，强化质感。然后在远处的雪峰上进行涂抹，经过涂抹，远处的雪峰就得到强化，如图 3-18 所示。

图 3-17

图 3-18

此时对于天空部分饱和度比较高的问题，我们可以将天空选择出来，降低天空部分的饱和度。具体操作也非常简单，单击"创建新蒙版"按钮，在打开的菜单中选择"色彩范围"命令，如图 3-19 所示。

在天空的蓝色区域单击，与单击位置色彩相近的蓝色区域就被选择了出来，如图 3-20 所示。

图 3-19

87

图 3-20

　　如果感觉选择得不够准确，可以在右侧面板上方调整"取样颜色"的值，让选择的天空区域更准确一些。之后降低"饱和度"的值，天空的饱和度就会降低，如图 3-21 所示。

图 3-21

至此，我们对这张照片的局部调整完成，主要包括压暗了照片的四周，让观者的视线集中在画面中间的雪峰及佛光上；弱化了左右两侧饱和度和亮度比较高的山体，强化了佛光和远处的雪峰。

调整完毕之后单击工具栏中的"编辑"按钮，如图 3-22 所示，回到"基本"面板。

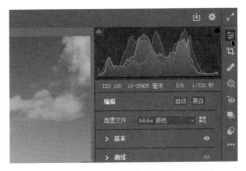

图 3-22

展开"基本"面板，整体提高"清晰度"和"去除薄雾"的值，使画面更加清晰和通透，如图 3-23 所示。最后，调整"曝光""对比度""高光""阴影""白色"和"黑色"等参数，让画面整体变得更协调，如图 3-24 所示。至此，照片的调整完成。

图 3-23

最后对比原图与效果图，可以看到原照片整体亮度过高，通透度不够，灰蒙蒙的，远处的雪峰与近处的佛光的表现力也有所欠缺；调整之后，画面的影调层次比较合理，雪峰与佛光都比较清晰，如图 3-25 所示。

89

图 3-24

图 3-25

可见对于摄影后期处理来说，局部调整才是真正的核心，它决定了照片艺术表现力的强弱。

90

# 3.2　亮度范围、色彩范围与选择天空

## ■ 亮度范围与色彩范围

我们再处理一张有些相似的照片，以巩固学习成果，加深对蒙版功能的理解。

将拍摄的 RAW 格式文件拖入 Photoshop，原文件自动在 Camera Raw 中打开，如图 3-26 所示。

图 3-26

直接单击"自动"按钮，然后在展开的"基本"面板中调整参数，优化照片的影调，让照片的层次和细节变得更理想，这样可以完成照片的基础调整，如图 3-27 所示。

接下来对照片进行局部的调整，对于这张照片来说，山体部分的色彩过于浓郁，我们可以先将山体选择出来。

图 3-27

图 3-28

在工具栏中单击"蒙版"按钮，进入蒙版界面，可以看到下方的"色彩范围"和"亮度范围"这两个选项，如图 3-28 所示。

首先选择"亮度范围"，然后在左右两侧的山体上单击，我们发现天空也被选择了出来，因为蓝色天空与左右两侧的山体明暗相近，所以会被选择出来，由此可见"亮度范围"这个局部工具不适合用于选择山体部分，如图 3-29 所示。

重新选择"色彩范围"，然后在左右两侧的山体上单击，可以看到被选择出来的只有左右两侧的山体部分，如图 3-30 所示。稍稍降低"曝光"的值；提高"阴影"的值；降低"饱和度"的值；对于左右两侧山体偏绿的问题，提高"色调"的值。经过这样的调整，左右两侧的山体的视觉效果被削弱了，不会再过多分散观者的注意力，如图 3-31 所示。

图 3-29

图 3-30

93

图 3-31

对于漏掉的远处中间的山体，要将其勾选出来，我们可以在右上角的面板中单击"添加"按钮，在打开的菜单中选择"画笔"命令，如图 3-32 所示，然后在远处的山体上涂抹，将这部分纳入选择。如果感觉山体效果依然有问题，我们还可以再次微调参数，最终我们就对整个山体部分进行了一定的协调，如图 3-33 所示。

图 3-32

94

图 3-33

■ 选择天空

对于当前天空色彩饱和度过高的问题，我们可以单击"创建新蒙版"按钮，在打开的菜单中选择"选择天空"命令，如图 3-34 所示，可以看到整个天空部分被大致选择了出来，如图 3-35 所示。

图 3-34

图 3-35

因为这张照片中天空与地景的结合部分有云层遮挡，所以天空的边缘线不是特别硬朗、清晰，这没有关系，大致选择的效果还是比较理想的。

我们要提高"对比度"的值，降低"黑色"和"饱和度"的值，让天空整体的饱和度降下来，这样画面整体就变得协调了，如图 3-36 所示。

图 3-36

96

此时照片整体的饱和度下降，所以画面通透度有所下降，我们回到"基本"面板，在其中提高"去除薄雾""对比度"的值，同时进行一些微调，让画面整体更通透，如图 3-37 所示。

图 3-37

最后我们来对比照片调整前后的画面效果，可以看到调整之前画面整体的表现是比较普通的，调整之后画面整体的层次和细节表现都好了很多，如图 3-38 所示。

图 3-38

# 3.3 选择主体

接下来我们用一个人像照片的处理案例来演示蒙版功能中"选择主体"这个工具的使用方法。

这是一张经过处理的 JPEG 格式的照片，因此我们首先将其在 Photoshop 中打开，然后按 Ctrl+Shift+A 组合键进入 Camera Raw，如图 3-39 所示。

图 3-39

对于这张照片来说，人物的衣服的亮度比较高；背景的反差也有些大，比如背景中间部分的亮度有一些高，显得比较刺眼；因此我们需要对人物进行一定程度的压暗，并将背景中亮度过高部分的亮度降下来。

在工具栏中单击"蒙版"按钮，然后在蒙版面板中选择"选择主体"，如图3-40 所示，可以看到作为主体的人物就被直接选择了出来，如图 3-41 所示。蒙版功能中的"选择主体"这个工具主要针对的就是人像、静物类照片中的主体。

将人物选择出来之后，降低"高光"的值，将人物身体部分的高光稍稍压一下，如图 3-42 所示。

图 3-40

图 3-41

图 3-42

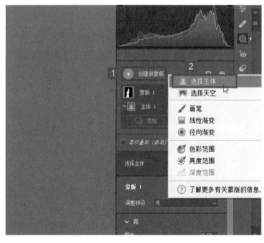

图 3-43

接下来我们解决背景中局部亮度过高的问题。单击"创建新蒙版"按钮，在打开的菜单中选择"选择主体"命令，如图 3-43 所示，这样可以将人物再次选择出来。然后在右侧参数面板中单击"反向"按钮，可以将背景选择出来，如图 3-44 所示。

稍稍降低"曝光"的值，降低"对比度""高光"和"饱和度"的值，提高"阴影"的值，这样可以缩小背景中的反差，让暗部显示出更多层次，让高光被压暗，如图 3-45 所示。

这样我们就完成了这张照片的调整，最后来对比照片调整前后的效果，可以看到调整后无论是人物部分还是背景部分，都得到了很好的优化，整体的影调层次和细节更理想了，画面也更耐看了，如图 3-46 所示。

100

图 3-44

图 3-45

101

图 3-46

# 3.4 雨后箭扣：制作光感

通过前面的一些案例，我们介绍了蒙版功能中各种局部工具的使用方法，但实际上有一些局部工具有一些比较特殊的使用方法。在下面几个案例中，我们将介绍局部工具的特殊使用方法。这些特殊的使用方法能够帮助我们提升照片的艺术表现力。

下面首先来看如何借助"径向渐变"为画面制作光感，让画面整体显得更立体，光影结构更合理。

这是几年前的夏天拍摄的一张箭扣长城的云海照片，如图 3-47 所示，场景是比较唯美的。虽然我们进行了大量的后期处理，但画面整体依然比较散，为什么呢？因为画面的光影结构不够紧凑，光影的分布不够合理。

这张照片的左上角远离光源，左下角是背光的区域，这些位置的亮度应该低一些；右侧受光源照射到的位置，亮度应该高一些，如果能强化光线照射的痕迹，画面的结构肯定会好很多。

因此我们就考虑使用局部工具对画面局部进行调整。首先单击"蒙版"按钮，然后选择"径向渐变"。

图 3-47

　　在画面右侧拖出一个椭圆形，然后调整椭圆形的大小及方向，如图 3-48
所示。

图 3-48

　　这个椭圆形的作用在于模拟太阳光线照射的痕迹，是照片中的高光面，因此
要提高"曝光"的值。早晨的太阳光线是偏暖的，因此我们还要提高"色温"和"色调"
的值，让画面有一些偏暖的成分。然后稍稍降低"清晰度"和"去除薄雾"的值，

103

加一些柔化效果，让这种光照的效果更自然、真实，这样我们就模拟出了高光面的太阳光线照射效果，如图 3-49 所示。

图 3-49

因为光源并不是在左上角，而是在右侧，所以左上角亮度过高是有问题的，接下来我们再次创建一个新的蒙版，选择"线性渐变"，由画面左上角向内拖动，压暗左上角过亮的天空。参数设定主要是稍稍降低"曝光"的值，降低"高光"的值。对于这片区域偏黄的问题，可以降低"色温"的值，如图 3-50 所示。

图 3-50

如果感觉调整的效果不够明显，左上角亮度依然过高，我们可以再次创建一个蒙版，选择"画笔工具"，稍稍降低"曝光"的值，降低"高光"和"色温"的值，在画面左上角涂抹，将左上角的亮度降下来，如图 3-51 所示。

图 3-51

这样，我们就初步完成了这张照片的调整。此时我们可以对比画面调整前后的效果，可以看到右侧效果图增加了光感，左上角过亮的区域被压暗之后，画面整体结构显得更加紧凑，给人简洁、高级的感觉，如图 3-52 所示。

图 3-52

增加了一些光感，画面反而变得更干净，主要是因为我们理顺了原照片中的乱光，让画面的光线以太阳光线照射的痕迹为中心展开，这样画面的影调层次就会变得非常丰富，并且画面整体会变得干净起来。

在这个案例中我们介绍了如何利用径向渐变来制作光感，大家以后在进行摄影后期处理时，就可以考虑使用径向渐变来制作光感。

# 3.5 行摄川西：快速制作丁达尔光

接下来我们通过一个案例介绍如何使用画笔工具制作光线照射的痕迹，也可以认为是制作丁达尔光。

首先将原始照片拖入 Photoshop，在 Camera Raw 中打开，如图 3-53 所示。

图 3-53

这张照片画面边缘的照明灯等景物干扰了画面整体的效果，因此可以选择"裁剪工具"，裁掉画面四周过于空旷的部分，减少一些干扰元素，如图 3-54 所示。

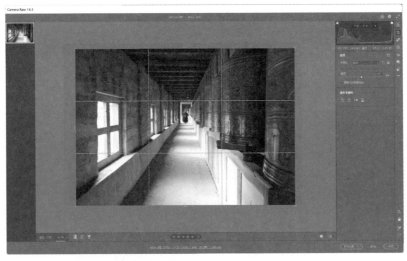

图 3-54

　　此时我们稍稍降低"曝光"的值；降低"高光"的值，让画面暗一些；提高"纹理"和"清晰度"的值，让画面整体更清晰。我们之所以要压暗画面，是因为要为画面制作丁达尔光，画面整体暗一些更容易突出光效。

　　原照片中左侧窗户的位置曝光严重过度，因此也需要降低"曝光"和"高光的"值，将窗户和被窗光照射的屋内地面的亮度降下来，追回更多的细节和层次，如图 3-55 所示。

图 3-55

接下来我们制作光线照射的效果。单击"蒙版"按钮，在蒙版面板中选择"画笔"，如图 3-56 所示。因为制作的是光线照射的效果，所以一定要亮，要提高"曝光"的值，并且要降低"清晰度"和"去除薄雾"的值，以营造模糊的效果。在左侧最近的窗户上单击，如图 3-57 所示。

图 3-56

图 3-57

按住 Shift 键，松开鼠标左键，移动到受窗光照射的位置上单击，此时我们可以看到软件自动将我们开始单击的位置与刚刚单击的位置进行了连接，擦出了一条光线通路，如图 3-58 所示。要注意，在这个过程中，我们要按住 Shift 键。

图 3-58

接下来我们松开鼠标左键，松开 Shift 键，将画笔笔触缩小，然后移动到左侧第 2 个窗户上单击，如图 3-59 所示，再按住 Shift 键，松开鼠标左键，再移动到第 2 个窗户的窗光照射的位置上单击，这样我们就制作出了第 2 条光线通路，如图 3-60 所示。

图 3-59

109

图 3-60

用同样的方法为其他窗户制作同样的光线通路，这样我们就制作出了所有的光线通路，如图 3-61 所示。

图 3-61

 Tips

这里有一个关键点，就是由近到远，不断根据窗户的大小调整画笔笔触大小。

绘制好光线通路之后，我们可以在右侧的参数面板中改变影调参数，让光线的效果更自然、更明显，这样画面整体的表现力就变得更好了，如图 3-62 所示。

图 3-62

返回"基本"面板，在其中整体微调各种参数，让画面整体更协调，参数设定及效果如图 3-63 所示。

图 3-63

111

最后我们可以对比原图与效果图，可以看到两者的表现力是完全不同的，如图 3-64 所示。

图 3-64

# 第 4 章

# Photoshop 后期处理的基石——蒙版

利用 Photoshop 进行后期创作的核心并非是对照片影调和色调的整体调整，而在于整体调整之后的局部优化，比如强化主体、弱化陪体等。在 Photoshop 中，对局部进行调整就要借助蒙版这个功能来实现。本章我们将介绍蒙版的概念、用途以及具体的使用技巧。

# 4.1 图层蒙版与调整图层

## ▥ 蒙版的概念与用途

有些地方解释蒙版为"蒙在照片上的板子",其实,这种说法并不是非常准确。通俗来说,可以将蒙版视为一块虚拟的橡皮擦,使用 Photoshop 中的橡皮擦工具可以将照片的像素擦掉,从而露出下方图层的内容,使用蒙版可以实现同样的效果。但是,真实的橡皮擦工具擦掉的像素会彻底丢失,而使用蒙版结合渐变工具或画笔工具等擦掉的像素只是被隐藏了,实际上并没有丢失。

下面通过一个案例来说明蒙版的概念及用途,打开如图 4-1 所示的照片。

图 4-1

在"图层"面板中可以看到图层信息,这时单击"图层"面板底部的"创建图层蒙版"按钮,为图层添加一个蒙版,如图 4-2 所示。初次添加的蒙版为白色的空白缩览图。

我们将蒙版变为白色、灰色和黑色 3 个区域同时存在的样式。

此时观察照片画面就会看到,白色的区域就像一层透明的玻璃,覆盖在原始照片上;黑色的区域相当于用橡皮擦彻底将像素擦除,露出下方空白的背景;而

114

灰色的区域处于半透明状态，如图 4-3 所示。这与使用橡皮擦直接擦除右侧区域、降低中间区域的透明度实现的画面效果是完全一样的，并且从图层缩览图中可以看到，原始照片缩览图并没有发生变化，而将蒙版删掉，依然可以看到完整的照片，这也是蒙版的强大之处——它就像一块虚拟的橡皮擦一样。

图 4-2

图 4-3

如果我们为蒙版制作一个从纯黑到纯白的渐变，此时蒙版缩览图如图 4-4 所示。可以看到，照片变为从完全透明到完全不透明的平滑过渡状态，对照蒙版缩览图看，黑色完全遮挡了当前的照片像素，白色完全不会影响照片像素表现，而灰色则会让照片处于半透明状态。

115

图 4-4

### ■ 调整图层

图 4-5 所示的这张照片中地景的亮度非常低，现在要对它进行提亮。

图 4-5

116

首先在 Photoshop 中打开照片，然后按 Ctrl+J 组合键复制一个图层，如图 4-6
所示，对上方复制的图层整体进行提亮。然后为上方的图层创建一个蒙版，这时
可以借助上方的黑蒙版遮挡天空，用白蒙版露出提亮的上方的图层，这样就能实
现两个图层的叠加，相当于只提亮了地景部分。

图 4-6

但是这样操作比较复杂，下面我们介绍调整图层这个功能，它可以一步实现
我们之前进行的复制图层和提亮新图层等多种操作。

具体操作时，打开原始照片，然后在"调整"面板中单击"曲线调整"，这
样可以创建一个曲线调整图层，并打开"曲线"调整面板，如图 4-7 所示。

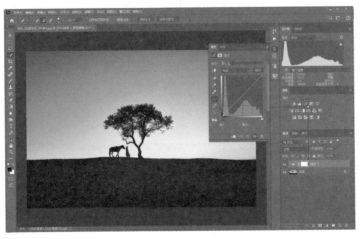

图 4-7

在"曲线"调整面板中向上拖动曲线，这样全图都会被提亮，如图 4-8 所示。

图 4-8

　　接下来我们只要再借助黑白蒙版，用黑蒙版将天空部分遮挡起来，只露出地景部分，就实现了局部的调整，如图 4-9 所示。这样操作就省去了创建新图层的步骤，相对来说要简单和快捷很多，它相当于对之前的操作进行了简化。

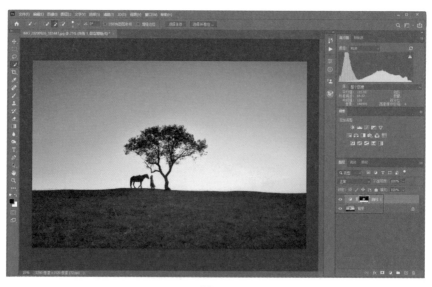

图 4-9

当然，这里有一个新的问题，调整图层并不能 100% 替代图层蒙版，因为如果是两张不同的照片叠加在一起生成两个图层，为上方图层创建图层蒙版，可以实现照片的合成等操作，但调整图层只是针对一张照片进行影调、色彩等的调整。这是两者的不同之处。

# 4.2 黑白蒙版的使用与选择

## ■ 黑白蒙版的使用方法

在了解了蒙版的黑白变化之后，下面我们介绍黑白蒙版在实战当中的使用方法。

图 4-10 所示的这张照片，两侧及背景的亮度有些高，导致主体部分的表现力较弱。

图 4-10

这时我们可以创建一个曲线调整图层对画面进行压暗，但这会导致主体部分也被压暗，如图 4-11 所示。

119

图 4-11

　　我们只想压暗背景部分，这时就可以选择渐变工具或画笔工具，将主体部分擦拭出来。擦拭时，前景色要设为黑色，这种黑色就相当于遮挡了当前图层的调整效果，也就是说我们的曲线调整效果被遮挡起来。从蒙版缩览图上可以看到，白色部分会显示当前图层的调整效果，黑色部分被遮挡，这样主体部分就还原出了原始照片的亮度，而背景部分得到压暗，如图 4-12 所示。

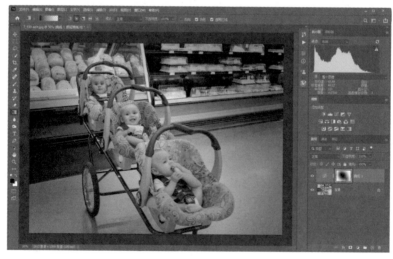

图 4-12

　　以上为白蒙版的使用方法，总的来说就是先建立白蒙版，然后对某些区域进行还原。

120

黑蒙版的使用方法也非常简单，创建白蒙版之后，按 Ctrl+I 组合键，就可以将蒙版进行反向，变为黑蒙版，如图 4-13 所示，将当前图层的调整效果完全遮挡起来。

图 4-13

如果我们想要某些区域显示出当前图层的调整效果，只要将前景色设为白色，然后在该区域涂抹和制作渐变即可。

### ▦ 黑蒙版和白蒙版，如何选择

无论黑蒙版还是白蒙版，它的本质都是在蒙版上进行黑和白的变化，用于遮挡或显示某些调整效果。在不同的场景中，选择不同的蒙版，会给我们的后期处理带来较大影响。在该使用黑蒙版的时候，如果使用了白模板，可能会导致我们的后期处理工作变得比较烦琐，并且效果不够理想；在该使用白蒙版的时候使用黑蒙版，会导致同样的问题。

那么具体要根据什么来选择黑蒙版和白蒙版呢？其实非常简单，我们对照片进行处理，如果要显示调整效果的区域（面积）非常小，大部分区域不需要显示调整效果，那么我们就应该使用黑蒙版将调整效果完全遮挡起来，然后还原小部分区域的调整效果就可以了。

比如要对人物面部进行双曲线磨皮，那么往往就要创建提亮或压暗曲线调整图层，然后要将蒙版进行反向变为黑蒙版，再对人物面部的曲线调整效果进行还原，这时使用黑蒙版是比较方便的；如果使用白蒙版，就需要对人物面部之外的大片区域进行调整，比较麻烦。

在另外一些场景中，如果照片绝大部分区域都要显示调整效果，只有小部分区域不需要显示调整效果，此时使用白蒙版就比较理想。后续只要选择画笔工具或渐变工具，用黑色遮挡住很小的、不需要显示调整效果的区域就可以了。

# 4.3　蒙版的常规使用技巧

## ■ 蒙版与选区怎样切换

通过蒙版进行局部调整后我们发现，实际上蒙版也是一种选区，因为它也用于限定某些区域。实际上，蒙版与选区是可以随时相互切换的。正如之前的照片，我们使主体部分保持原有亮度，压暗四周，这是通过蒙版来实现的。在这个基础上，如果要将蒙版切换为选区，我们只要按住 Ctrl 键然后单击蒙版图标，就可以将蒙版切换为选区。当然，将蒙版切换为选区时，要注意蒙版中白色的部分是要选择的区域，而黑色的部分是不选择的区域。可以看到，蒙版切换为选区之后，四周的白色部分被建立了选区，如图 4-14 所示。

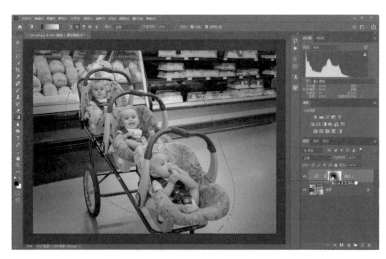

图 4-14

除了这种切换方式之外，我们还可以右击蒙版图标，在弹出的菜单中选择"添加蒙版到选区"命令，这样也可以将蒙版切换为选区，如图 4-15 所示。

### ■ 剪切到图层

利用调整图层可以对全图进行明暗及色彩的调整，并且是对下方所有图层的叠加效果进行了调整。

在实际操作中，我们还可以限定调整图层只对它下方的图层进行调整，而不影响其他图层。比如这张照片，我们先按 Ctrl+J 组合键复制一个图层，然后对上方的图层进行高斯模糊处理，之后再创建

图 4-15

一个曲线调整图层，这样提亮之后可以看到全图都变亮了，如图 4-16 所示。

图 4-16

但我们想要的效果是上方的模糊图层变亮，这时可以单击"曲线"调整面板下方的"剪切到图层"按钮，这样就可以使曲线的调整效果只作用于它下方的模糊图层，而不会全图都受影响。可以看到这样处理之后画面发生了较大变化，这是因为我们降低了上方模糊图层的不透明度，那么使调整效果只作用于这个图层之后，相当于蒙版的不透明度也会被降低，如图 4-17 所示。

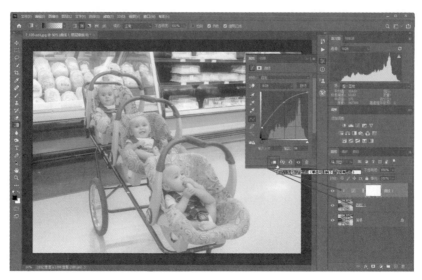

图 4-17

■ 蒙版 + 画笔工具如何使用

之前我们已经介绍过，使用蒙版时，要借助画笔工具或渐变工具来进行白色和黑色的切换，下面来看具体的使用方法。依然用图 4-18 所示的这张照片进行介绍，首先创建曲线调整图层对照片进行压暗。

图 4-18

124

接下来在工具栏中选择"画笔工具"，将前景色设为黑色，然后适当调整画笔直径大小，并将"不透明度"设定为 100%，然后对主体部分进行擦拭，如图 4-19 所示。这相当于将白蒙版人物这些部分"擦黑"，这样就遮挡了压暗的效果，显示出了原照片的亮度，这是蒙版与画笔工具组合使用的一种方法。当然在实际操作中，除将画笔的不透明度设为 100% 之外，经常还要将画笔的不透明度降低，进行一些轻微的擦拭，让效果更自然。

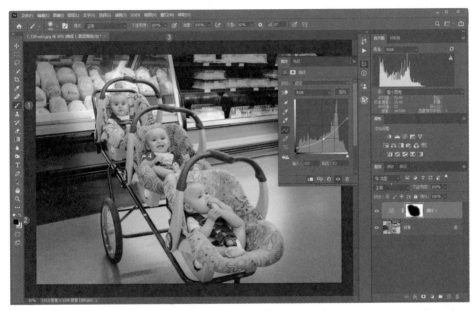

图 4-19

### ■ 蒙版 + 渐变工具如何使用

除了画笔工具可以调整蒙版之外，在实际的操作中，渐变工具也可以与蒙版结合起来使用，实现很好的调整效果。具体使用时，首先依然是压暗照片，然后按 Ctrl+I 组合键进行蒙版反向，这样调整效果就被遮挡起来了，如图 4-20 所示。

这时在工具栏中选择"渐变工具"，将前景色设为白色，背景色设为黑色，设定从白到透明的线性渐变，然后在四周拖动制作渐变，可以从图层蒙版上看到四周变白，显示出了当前图层的调整效果，如图 4-21 所示。

那么最终也可以看到照片四周被压暗，而中间的主体部分依然处于黑蒙版之下，呈现的依然是"背景"图层的亮度。

125

图 4-20

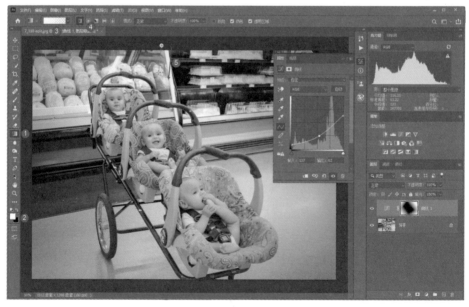

图 4-21

126

### ▓ 蒙版的羽化与不透明度

无论用画笔工具还是渐
变工具制作黑白蒙版之后，
白色与黑色区域边缘的过渡
还是有些生硬，不够自然。
这时可以双击蒙版图标，打
开蒙版"属性"面板，如图
4-22 所示。

在其中提高"羽化"的
值，就可以让黑色区域与白
色区域的过渡变得自然，如
图 4-23 所示。

图 4-22

图 4-23

如果感觉四周压得过暗，可以单击蒙版图标，适当降低蒙版的"不透明度"，
弱化调整效果，让最终的调整效果更加自然，如图 4-24 所示。

图 4-24

## ■ 亮度蒙版的概念与用途

所谓亮度蒙版，是指先根据照片亮度不同的区域建立选区，然后对这些选区之内的部分创建调整图层，也就是创建调整蒙版，之后对这些区域进行一定的调整，再借助蒙版实现显示和遮挡，最终实现局部调整。亮度蒙版是深度摄影后期非常重要的一个知识点，它的应用非常广泛。为了方便大家掌握亮度蒙版的原理，

图 4-25

我们首先借助 Photoshop 自带的工具进行讲解，掌握原理之后，后续我们再借助其他软件进行相应处理，就会更加得心应手。

首先创建一个盖印图层，如图 4-25 所示。

单击打开"选择"菜单，选择"色彩范围"命令，打开"色彩范围"对话框。我们想要对背景中比较亮的一些区域建立选区，将这些区域压暗，因为现在背景中的亮斑太多，弱化了人物的表现力，所以选择"取样颜色"之后，移动到背景较亮的位置上单击，可以看到这些区域变亮；然后调整"颜色容差"的值，确保只选中背景中的白色部分，因为人物的面部和地面有些区域与背景中亮斑的

128

亮度相近，所以也被选择出来了，但这没有关系，后续我们可以进行调整；最后单击"确定"按钮，如图 4-26 所示。这样就为背景中的亮斑以及地面和人物等建立了选区。

图 4-26

建立选区之后，创建曲线调整图层，压暗画面，此时的蒙版是针对选区的，可以看到只有选区内的部分被压暗，即地面、人物还有背景中的亮斑都被压暗了，如图 4-27 所示。

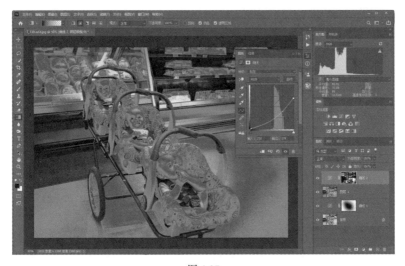

图 4-27

129

但我们只想让背景中的亮斑被压暗，所以可以借助画笔工具或渐变工具进行调整。首先双击图层蒙版，对蒙版进行适当羽化，让压暗效果更自然，如图 4-28 所示。

图 4-28

接下来，在工具栏中选择"渐变工具"，将人物还原出来，这样我们就完成了整个调整过程。可以看到，调整之后背景及地面部分不再有很多亮斑，画面显得干净了很多，如图 4-29 所示。

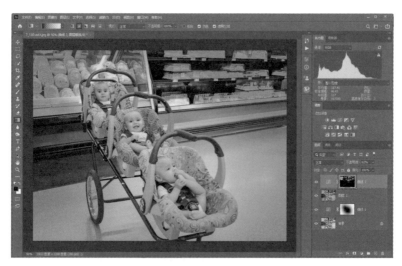

图 4-29

以上是亮度蒙版的具体使用方法，就是先建立选区，然后根据不同选区进行调整。

接下来我们来看第三方的 TK 亮度蒙版的使用方法。TK 亮度蒙版是当前比较著名的一款亮度蒙版工具，它的功能非常强大。通过 TK 亮度蒙版建立选区之后，选区的边缘是非常柔和的，调整部分与未调整部分的过渡非常自然，比我们借助色彩范围调整的效果更加自然。当然，它的准确度没有色彩范围那么高。下面进行具体介绍。

TK 亮度蒙版安装之后，可以停靠在右侧的面板竖条上。本例中我们要选择背景中的亮斑，那么点开亮度蒙版面板之后，我们大致判断背景亮度是 3 级及更高，然后单击这些区域，如图 4-30 所示，这样照片中的一些亮斑就会显示出来。

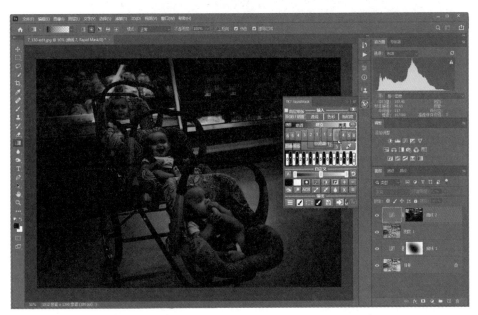

图 4-30

从画面中可以看到，这些比较亮的区域在照片中也比较明显，而未选择的区域会以黑色显示。此时照片变为灰度状态，并且我们创建的曲线调整图层呈红色。

这时打开"通道"面板，按住 Ctrl 键，单击新生成的亮度蒙版选区，这样可以将亮度蒙版转为选区，然后单击"RGB"复合通道，使照片显示为正常状态，如图 4-31 所示。

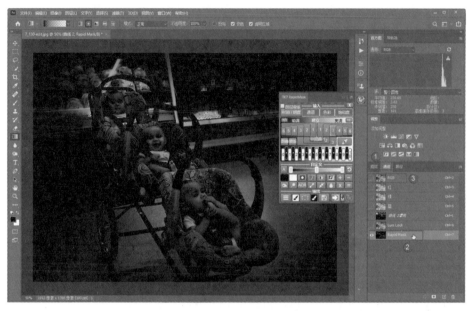

图 4-31

　　创建曲线调整图层，对这些亮斑进行压暗，最终我们就通过 TK 亮度蒙版实现了调整，如图 4-32 所示。

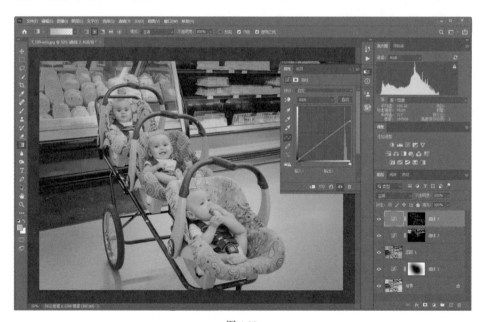

图 4-32

# 4.4 怎样使用快速蒙版

在上一节的调整结果的基础上，创建一个盖印图层，如图 4-33 所示。

接下来我们演示快速蒙版的使用方法。

快速蒙版主要是方便用户快速使照片进入蒙版编辑状态，通过画笔工具或渐变工具在照片中涂抹，以随心所欲地建立想要的形状的选区。像这张照片，创建盖印图层之后，在工具栏下方单击"快速蒙版"按钮，如图 4-34 所示，可以为当前的图层创建快速蒙版。此时可以看到所选中的图层变为红色，这表示我们已经进入了蒙版编辑状态。

图 4-33

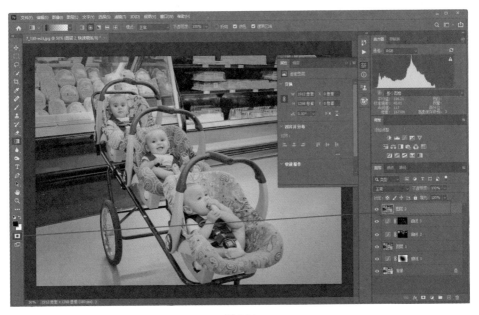

图 4-34

133

在工具栏中选择"画笔工具"，将前景色设为黑色，在照片上涂抹，可以看到被涂抹的区域呈红色，如图4-35所示，这种红色不是我们涂抹的颜色，而是表示我们所选择的区域。

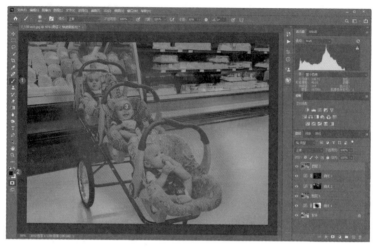

图 4-35

涂抹之后，按Q键可以退出快速蒙版编辑状态，当然也可以在工具栏中单击"快速蒙版"按钮退出。退出之后，可以看到我们涂抹的部分被排除在选区之外，如图4-36所示。这就是快速蒙版的使用方法。

图 4-36

# 第 5 章

# 影调控制的核心——三大面的塑造

摄影创作是在二维平面上让所拍摄场景呈现三维立体效果，还原所拍摄场景的一种艺术。

一般来说，这要借助于两个比较重要的因素：第一个是线条，要通过线条的走向来营造出立体的效果，让观者感受到立体感；第二个是影调，要结合影调层次让景物呈现出更强的立体感，至于色彩，我们也将其归入影调。

因此，从某种意义上来看，线条与影调决定了我们如何在二维平面上呈现出三维立体效果。

# 5.1 线条与立体感

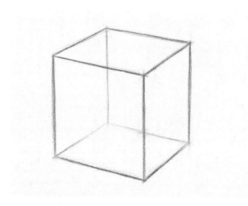

图 5-1

首先，看图 5-1 所示的这张图片，我们用 12 根线条绘制出了一个图形，这个图形给人立方体的观感，这便是线条变化所带来的立体感。

在摄影创作中，构图时我们也需要借助线条的走向、变化和组合来让照片呈现出更好的立体感。

图 5-2 所示的这张照片，可以看到近景的道路呈 S 形，一直蜿蜒延伸到远处，这种线条的延伸会让画面更具空间感和立体感。

图 5-2

# 5.2 影调与立体感

　　线条对立体感的强化，比较简单也比较直观，下面我们再来看影调变化对于立体感的影响。

　　同样是之前用 12 根线条绘制出的图形，我们使这个图形的各个面分别具有不同的影调，最终这个图形变得更加立体和真实，如图 5-3 所示。

　　在这个立方体上，最上方这个面的亮度最高，可以称为高光面；对着我们的这个面可以称为一般亮面，它也是受光线照射的，但是它的亮度并不高；右侧的面背光，处于阴影中，我们可以称其为暗面，如图 5-4 所示。

图 5-3

图 5-4

　　我们通过高光面、一般亮面和暗面强化了画面的立体感，或者可以说我们在二维平面上让物体呈现出了三维立体的效果。

　　图 5-5 所示的这张照片，画面中的线条由四周向中心收缩，起到了汇聚和延伸的作用，观者会随着线条看向画面的深处，而景物自身的明暗变化会让整个画面更立体、更真实、更细腻。最终，线条和影调的变化让整个画面展示出了很强的立体感。

图 5-5

137

# 5.3 现实中的影调面

接下来我们来看比较实际的问题，我们之前所介绍的立方体中，无论高光面、一般亮面还是暗面，都非常干净，整个画面显得层次丰富，还有一种非常高级的感觉。但现实中的立方体、照片中的景物可能会像图 5-6 所示的这个立方体一样，3 个面都存在一些干扰元素，这些干扰元素可能以瑕疵、光斑的形式出现，让照片中的面显得不够干净，照片整体也会因此显得杂乱，如图 5-7 所示。

图 5-6

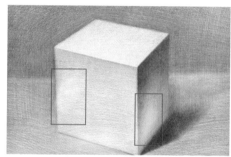

图 5-7

如果我们想让这个立方体变干净，很简单，只要让各个面上的瑕疵、光斑消失，或者让这些干扰元素的亮度接近其周边区域的亮度。

在照片中，无论是高光面、一般亮面还是暗面，都存在一些瑕疵或光斑，我们在后期处理时就要消除或是弱化这些干扰元素，这样画面中的各个面就会变干净，最终整个画面也会变得更干净，照片整体就会变得层次丰富且有高级感。

图 5-8 所示的这张照片，原照片灰蒙蒙的，不够通透，除此之外，最大的问题在于左下角有一棵树独立于树林之外，并且亮度非常高，它干扰了整个阴影面，导致照片整体显得不够干净。在后期处理时，我们打造了左上角的高光面；压暗了背光的阴影区域，强化了暗面；对于受光线照射的山体等一般亮面区域则不进行过多调整；最终就明确和强化了高光面、一般亮面和暗面，画面整体变得通透起来，如图 5-9 所示。

图 5-8

图 5-9

此外，还有非常重要的一点，要将左下角这棵单独的亮度比较高的树去除，这样整个暗面会更干净，画面整体也会变得干净、高级起来。

# 5.4 照片影调重塑案例分析

很多摄影师在对照片进行后期处理时，往往是把提高对比度和清晰度、追回高光和暗部细节操作一遍就结束了。此时画面整体的影调、色彩看起来似乎都比较漂亮，但如果你仔细观察，就会发现这张照片的很多位置不符合自然规律，画面不够耐看。

## ■ 一般有光场景的影调重塑

下面通过一个具体的案例来看，图 5-10 所示的这张照片，拍摄时为了避免左上角的光源部分曝光过度，降低了曝光值，所以画面整体偏暗。此外因为场景中的水汽比较重，所以照片整体灰蒙蒙的。

一般摄影师对这张照片进行后期处理通常是追回暗部细节，压暗高光，协调整体色彩，结果可能如图 5-11 所示。但如果你仔细观察，就会发现左下角的背光面亮度过高，与受光面，也就是一般亮面的明暗差别不够大，画面整体给人的感觉比较散，看似漂亮但不够耐看，画面也就没有高级感。

正确的后期处理应该是这样，降低左下角背光面的亮度，因为这片区域本身处于阴影中，属于暗面，亮度是不能过高的；将画面右下方受光线照射的区域强化出来作为一般亮面；左上角光源部分的亮度适当高一些，作为高光面。

图 5-10

图 5-11

将各个面调整到合适的程度之后，画面就会显得非常干净、简洁、有高级感，如图 5-12 所示。

图 5-12

### ■ 对有光场景三大面的调整

再来看另外一个案例，图 5-13 所示的这张照片表现的是雨后长城。原照片灰雾度比较高，不够通透，质感也比较差。

一般摄影师对这张照片进行后期处理，可能会提高对比度，提亮阴影区域，压暗高光区域，将各个区域的细节追回来，整体协调画面的色彩，效果可能如图 5-14 所示。

图 5-13

图 5-14

观察照片我们会发现，太阳从右侧照射过来，但左上角的天空亮度非常高，光是比较乱的，最终的画面不够耐看，也不够高级。能否对这种乱光进行合理的处理，可能就是一般摄影师与摄影高手的差别所在。

对于这张照片来说，正确的后期处理是要将画面左上角、左下角这些区域压暗，因为这些区域处于阴影中，属于暗面，但当前却不够暗。如果这些区域的亮度过高，不仅不符合自然规律，还会分散和干扰观者的注意力。压暗这些区域之后，再将画面右上角这一高光面整体提亮，强调光线照射的痕迹；山体右侧是光线照射的面，也就是一般亮面。这样 3 个面就非常明确了，调整到位后，照片整体就变得十分干净，并且会有高级感，非常耐看，如图 5-15 所示。

图 5-15

### ■ 有方向性的散射光场景重塑影调

再来看这个案例，照片中没有特别明显的直射光线，我们应该找到照片中的光源，然后以此为源头来重塑光影。很明显，太阳落下之后的余晖出现在照片中间靠左侧，是画面的光源，此处的天空亮度依然非常高，那此处就可以作为高光面。

一般摄影师对照片进行接片之后，可能得到图 5-16 所示的效果，画面层次非常丰富，色彩也比较漂亮，但仔细看就会发现这张照片特别乏味。

当前照片中，地景、柱子的背光面、墙体的背光面应该处于阴影中，也就是属于暗面，但这些位置却出现了大量光斑，明暗斑驳，即暗面不够干净。此外，走廊的屋顶整体亮度非常高，这也是不合理的，可能有许多摄影师认为这个走廊的屋顶很漂亮，应该突出，但我们对某些景物的突出和强化一定要在某个限度内进行，绝对不能违反自然规律。此时屋顶的亮度太高，就严重不符合自然规律，所以这个画面肯定不耐看。

调整后，我们可以看到地景、柱子的背光面、墙体背光面等都被压暗了，走廊屋顶部分也被压暗了，照片的暗面亮度趋近，就变得比较干净；天空左侧的高光位置则单独进行了提亮，明确了照片的高光面；将远处受光线照射的建筑部分作为一般亮面。明确了三大面之后，这张照片整体就变得层次丰富、有高级感，如图 5-17 所示。

图 5-16

图 5-17

### ■ 霞光城市风光场景的影调重塑

再来看一个案例，这张照片中是一个没有光线照射的场景，如图 5-18 所示。背景的霞光亮度非常高，我们可以将其作为这张照片的高光面。

一般摄影师对这张照片进行调整可能就是提亮阴影，追回暗部细节，但这样照片依然存在非常多的问题，如图 5-19 所示。比如地景，也就是暗面中有一些亮度非常高的建筑，它们会导致整个暗面显得杂乱。

图 5-18

图 5-19

所以我们在后期处理过程中，就需要将这些亮度比较高的建筑压暗，让暗面中景物的亮度趋近，这样暗面就会变得干净，画面整体也会变得更干净。

这样，我们就确定了高光面和暗面，现在还缺少一般亮面。这张照片的一般亮面是中间三角形建筑左侧的面，它是受光线照射的，亮度应该高一些，色彩应该暖一些；如果将三角形建筑正对相机的面压暗一些，那么这座建筑的立体感会更强，如图 5-20 所示。

图 5-20

此外，对于这张照片来说，还有一个非常关键的点——远处的高层建筑群，它们的左侧面同样受到光线的照射，所以我们同样需要对这些面进行提亮和色彩渲染。最终可以看到，画面的三大面非常明确，照片整体也变得好看起来。

# 第 6 章

# 有光场景怎样修

本章介绍对有光场景进行后期处理的思路与技巧。

一般来说，有光场景的后期处理相对比较简单，我们只要找到光源，然后依照光线照射的自然规律对画面的明暗进行处理即可。光源所在区域的亮度最高，属于画面的高光面；受光线照射的区域是一般亮面；而背光的区域就会构成暗面。我们对这 3 个面分别进行强化就会得到比较理想的画面效果。当然，在实际的后期影调优化过程中可能会遇到比较复杂的情况，本章我们将通过 5 个具体案例来分析不同的有光场景如何进行影调重塑，从而得到更理想的效果。

# 6.1 草原晨雾：正确还原和强化光影

图 6-1

首先来看第一个案例。可能有些初学者觉得图 6-1 所示的这种照片很难修出好的效果，无论怎么调，画面都缺少高级感，但在学过三大面的理论之后，我们就应该知道这其实是非常容易处理的一种情况，属于有光场景。

原照片整体曝光不足，在后期处理时我们需要整体提亮画面，然后根据光线照射的方向去调整画面，将光源部分调至最亮作为高光面；将右下角受光线照射的区域作为一般亮面；将其他阴影区域作为暗面。这样就可以轻松完成本案例的后期处理，并得到比较好的效果，如图 6-2 所示。

图 6-2

下面来看具体的处理过程。首先将拍摄的 RAW 格式照片拖入 Photoshop，照片会在 Camera Raw 中打开，如图 6-3 所示。

图 6-3

这张照片在明暗结合的边缘位置可能会有彩边，因此首先切换到"光学"面板，勾选"删除色差"复选项，消除高反差边缘的一些彩边，如图 6-4 所示。

图 6-4

147

在参数面板上方单击"自动"按钮,由软件对照片的明暗进行优化,如图6-5所示。

图 6-5

如果感觉画面的通透度有所欠缺,我们可以在"基本"面板中手动对各种影调参数再次进行微调,如降低"高光"的值,提高"阴影"的值,降低"黑色"值,以提升画面的通透度;为了强化画面质感,还可以提高"清晰度"和"去除薄雾"的值,如图 6-6 所示。

图 6-6

需要注意的是"去除薄雾"的值不宜提得太高，否则画面会出现明显的影调及色彩失真。

至此，照片的基本调整完成。

接下来分析照片，在图6-7中，我们可以看到画面左下角是背光区域，属于暗面，应该要压暗，因为之前提亮阴影追回暗部细节时，这些位置也被大幅度提亮；画面左上角的高光部分是光源，是高光面；光线投射到画面右下角会产生一般亮面。

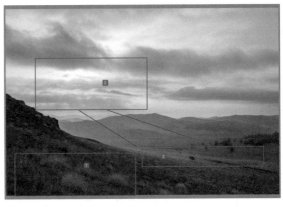

图 6-7

我们可以根据上述分析对画面进行局部调整。首先用鼠标右键按住蒙版图标，在展开的菜单中选择"线性渐变"命令，如图6-8所示；当然也可以在右侧工具栏中用鼠标左键单击蒙版按钮，进入蒙版功能界面，单击选择"线性渐变"，如图6-9所示。

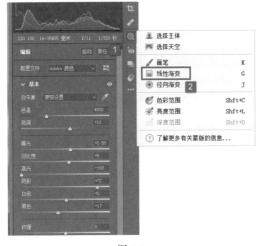

图 6-8

图 6-9

由画面左下角向右上方拖出渐变区域，之后我们可以拖动渐变线调整渐变区域的宽度，如图6-10所示；拖动中间的渐变线可以改变渐变调整的角度，如图6-11所示。

149

图 6-10

图 6-11

　　然后在参数面板中稍稍降低"曝光"的值，降低"高光"和"白色"的值，稍稍提高"阴影"和"黑色"的值，这样可以整体压暗画面，同时避免一些原本

150

比较暗的位置出现彻底黑掉的问题，如图 6-12 所示。这样我们就对画面左下角进行了压暗，照片的阴影面也就调整出来了。

图 6-12

接下来单击"创建新蒙版"按钮，在打开的菜单中选择"径向渐变"命令，如图 6-13 所示，在太阳光照射的地面位置拖出一个椭圆形，如图 6-14 所示。

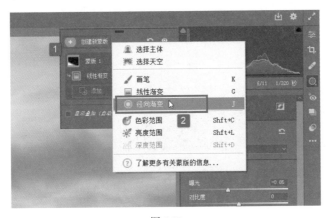

图 6-13

在参数面板中提高"曝光"的值，可以看到地面被太阳光照射的部分变亮，如图 6-15 所示。

151

图 6-14

图 6-15

因为拍摄的时间是在早上,因此我们可以再次微调影调参数,稍稍提高"色温"和"色调"的值,让受太阳光照射的区域有一些偏暖的感觉,提高"高光"和"白色"的值让受光线照射的区域亮度更高一些,这样一般亮面也调整完成如图6-16所示。

图 6-16

　　接下来我们创建一个蒙版，创建径向渐变，从光源到右下方拖出椭圆形，如
图 6-17 所示。参数设定为提高"曝光""对比度"的值，降低"高光"值，提高"色
温"与"色调"的值，提高"清晰度"的值，降低"去除薄雾"的值，如图 6-18
所示。提高"曝光"的值是为了制作光感，降低"高光"的值是为了避免画面中
光源周边最亮的区域曝光过度，提高"色温"与"色调"的值是为了给光线渲染
一定的暖色调，提高"清晰度"的值是为了强化光源周边比较明显的丁达尔光效果，
这样我们就强化出了照片的高光面。

图 6-17

153

图 6-18

至此，照片的影调调整基本完成，画面有比较明显的三大面。

接下来对画面进行简单的调色。

切换到"颜色分级"面板，单击高光，将"色相"滑块定位到橙色区域，提高"饱和度"的值，为照片中的亮部渲染一些暖色调，让画面的色调更浓郁，如图 6-19 所示。

图 6-19

然后我们协调画面整体的色调。此时感觉画面中的蓝色比较重，因此我们切换到"混色器"面板，再切换到"饱和度"子面板，降低蓝色的饱和度，避免照片中的蓝色过重，如图 6-20 所示。

图 6-20

简单调整完成之后回到"基本"面板，在其中微调各种影调参数，让画面整体更协调，如图 6-21 所示。

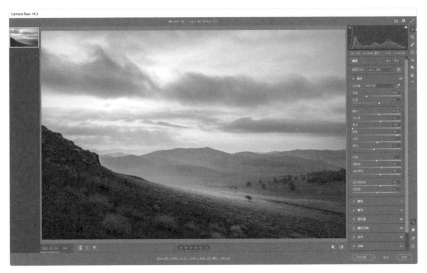

图 6-21

155

在输出照片之前，我们还要进行一些细节的优化。如图 6-22 所示，切换到"细节"面板，在其中提高"锐化"的值，以提升画面的锐度；提高"蒙版"的值，以确保只锐化一些比较明显的轮廓；提高"减少杂色"的值，以消除画面中的噪点。

图 6-22

至此，照片调整完成。我们来对比照片调整前后的效果，可以看到调整前后的变化是非常大的。

之后，我们就可以单击"保存"按钮保存照片，或是单击"打开对象"按钮将照片在 Photoshop 中打开进行进一步的精修，如图 6-23 所示。本例中我们直接单击"保存"按钮，打开"存储选项"对话框，设定好存储的位置及选项，然后单击"存储"按钮，如图 6-24 所示。

在图 6-24 所示的"存储选项"对话框中，我们可以看到存储的位置有两个选项，单击第一个选项可以设定在相同的位置存储，单击第二个选项可以更改处理后的照片的保存位置。

"格式"大部分情况下选择 JPEG 格式，"文件扩展名"有 .jpg 和 .JPG 两种，无论选择哪一种都不会影响照片的本身效果。

156

图 6-23

"元数据"保持默认的全部，这样可以保留所拍摄照片的各种拍摄数据信息，比如光圈、快门速度、感光度等。

"品质"一般保存为最佳的 10 ～ 12 即可，个人比较喜欢将品质设定为 10。

如果要在计算机上进行浏览或在网页上进行分享，将"色彩空间"设定为 sRGB 会比较好，如果照片有冲洗的需求，可以保存为 Adobe RGB。

在下方的"调整图像大小"选项中，可以适当对照片进行压缩，因为在计算机上没有必要以原尺寸

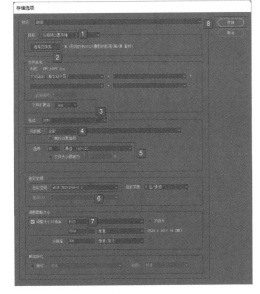

图 6-24

进行浏览。设定时，首先勾选"调整大小以适合"复选项，然后选择"长边"，我们设定长边的像素后，宽边的像素会由软件自动根据照片的长宽比进行设定。

设定好之后直接单击"存储"按钮将照片保存就可以了。

157

# 6.2 秋日的草原平流雾：将碎光连起来

再来看下面这个案例。我们可以明显看出图 6-25 所示的照片中的光照区域比较散，显得画面比较凌乱；另外，画面整体的对比度偏低，显得灰蒙蒙的。在后期处理时，我们强化了画面的反差，画面整体变得更通透；另外，将光照部分整体衔接了起来，在画面左上方营造出了一种更明显和整齐的光照效果；最终得到了比较理想的画面，如图 6-26 所示。

图 6-25

图 6-26

下面来看具体的处理过程。

首先在 Camera Raw 中打开原始照片，如图 6-27 所示。

图 6-27

在右侧的参数面板中单击"自动"按钮，然后展开"基本"面板，在其中对软件自动调整的参数进行微调，以协调画面整体效果；另外，要提高"清晰度"和"去除薄雾"的值，让画面整体更通透；将"自然饱和度"和"饱和度"的值恢复到初始位置，因为当前画面整体的饱和度是比较适中的，没有必要进行过多的提升，如图 6-28 所示。

图 6-28

对于照片中存在的一些污点，可以在工具栏中选择"污点修复工具"，然后将污点点掉，如图 6-29 所示。

接下来分析照片，可以看到画面右上角整体亮度偏高，因为太阳光线是从左向右照射的。单击"蒙版"按钮选择"线性渐变"，如图 6-30 所示。由画面右上角向左下拖动制作渐变区域，参数设定为稍稍降低"曝光"的值，降低"高光"和"黑色"的值，可以看到右上角的天空部分被压暗，如图 6-31 所示。

图 6-29

图 6-30

图 6-31

当前左侧的光照区域比较散，我们可以借助径向渐变将这些比较散的光照区域连接起来，从而形成大片的光照效果。在蒙版面板中单击"创建新蒙版"按钮，在打开的菜单中选择"径向渐变"命令，如图 6-32 所示。

图 6-32

在画面左上角制作光照区域，如图 6-33 所示。参数设定为提高"曝光"的值；提高"色温"与"色调"的值，模拟太阳光的颜色；降低"去除薄雾"的值，让光照效果更柔和，如图 6-34 所示。

160

图 6-33

图 6-34

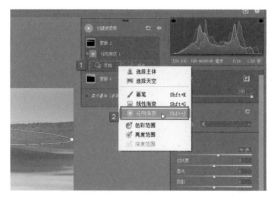

图 6-35

单击蒙版面板中间的"添加"按钮,选择"径向渐变"命令,如图 6-35 所示,在左侧继续制作光照区域。

在画面左侧中间制作光照区域,将原本平流雾上比较散的光照区域也整合成片,这样画面左侧的光照效果就比较理想了,如图 6-36 和图 6-37 所示。

图 6-36

对于画面右侧一小片光照区域,我们可以创建一个新的蒙版,然后再创建径向渐变,在右侧拖出光照区域,如图 6-38 所示。

我们可以在画面左上方,制作一个比较大的径向光照区域,让每一束光线之间有轻微的明暗差别,这样整体效果会比较自然。当然要注意,最后这个比较大的渐变是位于"蒙版3"之下的,如图 6-39 所示,其参数与右侧光照区域的参数是一样的。

162

图 6-37

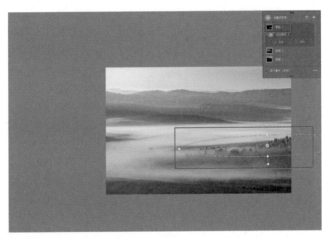

图 6-38

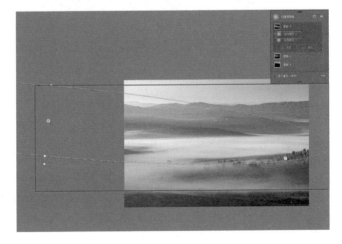

图 6-39

制作完成之后，点掉蒙版面板上右上角的小眼睛图标，隐藏蒙版调整的效果，如图 6-40 所示，这样可以看到制作光照效果之前的画面；然后点击小眼睛图标，显示出蒙版调整的效果，如图 6-41 所示，可以看到我们制作的光效还是比较明显的，并且画面整体的层次变得更丰富，画面也更具立体感。

图 6-40

图 6-41

最后我们回到"基本"面板，再次协调整体的影调，如图 6-42 所示。

图 6-42

在输出照片之前，切换到"曲线"面板，选择"点曲线"，创建轻微弯曲的 S 形曲线，提高画面的通透度，如图 6-43 所示。至此，照片调整完毕。

图 6-43

165

至于照片的锐化与降噪等处理步骤，这里就不赘述了。

我们对比调整前后的画面效果，如图 6-44 所示，可以看到调整之后的照片影调层次丰富，并且非常干净，画面有高级感。

图 6-44

# 6.3 碧云寺秋色：去掉干扰光

图 6-45

再来看碧云寺秋色这个案例。这个案例本身其实比较简单，将图 6-45 所示的照片左上角的高光面强化出来，再将照片中受光线照射的一般亮面强化出来，然后将背光的暗面强化出来就可以了。

我们要注意这样一个问题：如果某一个区域中有明显的干扰元素，那么就要想办法对这些干扰元素进行弱化或消除。这张照片的下方应该是暗面，但有一棵树的亮度比较高，需要将其消除，这是这个案例一个比较重要的环节，即让暗面整体变得干净、协调，这样画面整体才会干净，如图 6-46 所示。

图 6-46

下面来看具体的处理过程。首先将原始照片在 Camera Raw 中打开，如图 6-47 所示。

图 6-47

在右侧参数面板中单击"自动"按钮，如图 6-48 所示，由软件对照片进行自动优化。展开"基本"面板，在其中对参数进行微调，如提高"清晰度"和"去除薄雾"的值，以增强画面的质感。

图 6-48

对于这张照片来说，我们为突出秋日氛围，可以提高"色温"与"色调"的值，让画面变得更暖，如图 6-49 所示。

图 6-49

对于画面依然偏黄偏绿的问题，我们可以切换到"混色器"面板，如图 6-50 所示，再切换到"色相"子面板，在其中将"橙色""黄色""绿色"等滑块向左拖动，让原本偏黄、偏绿的植物变得偏橙、偏红，让秋日氛围更浓。

图 6-50

切换到"明亮度"子面板，如图 6-51 所示，降低橙色的明亮度，让画面中的橙色更沉稳。

图 6-51

169

单击"打开对象"按钮,将照片在 Photoshop 中打开。

由于当前打开的是智能对象,我们可以右击图层的空白处,在弹出的菜单中选择"拼合图像"命令,如图 6-52 所示,将智能对象转为普通图层,然后按 Ctrl+J 组合键复制一个图层,如图 6-53 所示。

图 6-52

图 6-53

图 6-54

在工具栏中选择"修补工具",如图 6-54 所示,将下方处于阴影中的比较亮的这棵树勾选出来,如图 6-55 所示,然后在选区中间按住鼠标左键向一侧拖动,拖动到周边正常的像素区域后松开鼠标左键,如图 6-56 所示。

图 6-55

图 6-56

由周边比较正常的区域来填充最初勾选的区域，可以看到修复的效果还是不错的，如图 6-57 所示。然后按 Ctrl+D 组合键取消选区。

放大照片，对于一些修复效果不够自然的位置，可以选择"污点修复画笔工具"，将不够自然的痕迹消除，如图 6-58 所示。

图 6-57

图 6-58

接下来我们借助曲线调整图层对画面的影调进行强化。

当前画面整体灰蒙蒙的，暗面不够黑。我们创建曲线调整图层，向下拖动高光曲线，在曲线中间单击创建锚点并将其向下拖动，让影调的过渡自然一些，这样画面整体就会被压暗，如图 6-59 所示。实际上我们想要压暗的只是背光的一些区域，因此我们先按 Ctrl+I 组合键将曲线调整图层变为黑蒙版隐藏起来，如图 6-60 所示。

图 6-59

图 6-60

在工具栏中选择"画笔工具"，设定前景色为白色，设定画笔为柔性画笔，将画笔的"不透明度"设为 15%，"流量"设为 20%，对照片中标出的区域进行涂抹，如图 6-61 所示，还原出这些区域的压暗效果，可以看到我们标出的这些区域就是背光的区域。

图 6-61

此时，主体建筑的明暗反差不够大，光线从左侧照射这些建筑，建筑的右侧为背光面，应该暗一些，这样建筑会显得更加立体。

因此我们再次创建曲线调整图层，同样进行压暗，然后进行蒙版反向，将压暗效果隐藏起来，如图 6-62 所示。

选择"画笔"工具，前景色设定为白色，缩小画笔直径，将"不透明度"和"流

172

量"分别设为 15% 和 20%，然后在建筑背光面进行涂抹，压暗背光面之后，建筑表面的明暗反差变大，建筑会显得更立体，如图 6-63 所示。

图 6-62

图 6-63

173

图 6-64

这样我们就基本上调完了画面的暗面。对于这张照片来说，高光面主要就是左上角；一般亮面就是被光线照射的山体，没有必要进行过多调整。

按 Ctrl+Alt+Shift+E 组合键盖印一个图层，如图 6-64 所示，然后按 Ctrl+Shift+A 组合键进入 Camera Raw 滤镜，如图 6-65 所示，在右侧工具栏中单击"蒙版"按钮，然后选择"径向渐变"，由照片左上角向右下方拖出一个椭圆形区域，模拟太阳光线照射的效果。

图 6-65

参数设定为稍稍提高"曝光"的值，提高"白色"的值，但要降低"高光"的值，避免高光区域出现大面积的白色溢出；提高"色温"与"色调"的值，让光线有一些暖色。这样我们就调整出了这张照片的高光面。单击"确定"按钮返回，如图 6-66 所示。

174

图 6-66

下面我们介绍一个比较好用的技巧，在照片的通透度有所欠缺时，我们可以加强中间调区域的对比，这样可以避免在提高高光和暗部的对比度时产生高光溢出和暗部死黑的问题。只对中间调区域增强对比，画面整体会变得更通透，而不损失高光和暗部细节。

具体操作比较简单，我们需要借助 TK 亮度蒙版插件来实现，安装该插件后，展开亮度蒙版面板，之后选择"中间调"。TK 亮度蒙版的中间调有 3 个等级，一般情况下选择第 2 个等级即可。单击第 2 级中间调，这样就将照片的中间调区域选择了出来，如图 6-67 所示。

图 6-67

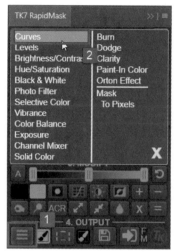

图 6-68

单击亮度蒙版面板左下角的折叠菜单图标，在打开的菜单中选择"曲线"（Curves）命令，如图 6-68 所示，创建曲线调整图层并打开"曲线"调整面板，如图 6-69 所示。

要注意此时打开的曲线调整图层针对的是照片的中间调区域。我们直接创建一条非常弯曲的 S 形曲线以增强反差，这样照片的中间调区域就得到了强化，照片整体会变得通透，并且高光面和暗面不会受到太多影响。

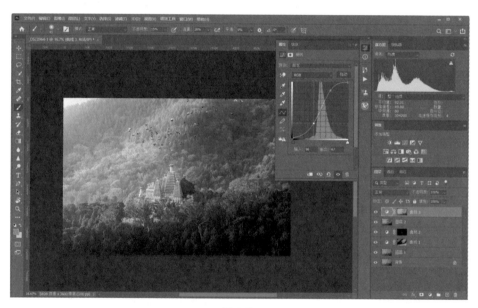

图 6-69

在最终完成照片处理之前，可以创建一个曲线调整图层，创建一条轻微弯曲的 S 形曲线，强化全图的反差，让照片更通透，如图 6-70 所示。

这样，这张照片的处理就完成了，可以看到三大面非常明确，画面整体影调层次丰富且干净。

176

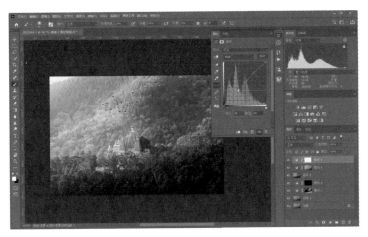

图 6-70

# 6.4 坝上秋牧：匀化杂乱的面

再来看第 4 个案例，之所以讲这个案例，主要是为了演示如何对照片的三大面进行一些细微调整，让各个面整体变得更干净。

原始照片一般都是灰蒙蒙的，如图 6-71 所示，但如果我们增大反差，三大面可能就会出现明暗不匀的情况，画面整体就会变得杂乱。这种情况下我们就需要进行调整，对明暗不匀的面进行匀化，使照片画面变得更干净，如图 6-72 所示。

图 6-71

图 6-72

177

首先在 Camera Raw 中打开原始照片，可以看到画面灰雾度非常高，不够通透，如图 6-73 所示。

图 6-73

在参数面板中单击"自动"按钮，然后微调各种影调参数，参数设定如图 6-74 所示。其中，提高"清晰度"和"去除薄雾"的值是为了让画面整体更清晰、更通透。

图 6-74

此时我们可以看到画面是比较凌乱的，无论亮面还是暗面，都显得非常斑驳，不够干净。这也就是我们之前所讲的问题，如果单独的某个面明暗不匀，三大面就会不够明确，画面整体就会显得杂乱。

我们提高"色温"的值，消除照片中的蓝色；降低"色调"的值，消除照片当中的洋红色，然后单击"打开对象"按钮，将照片在 Photoshop 中打开，如图6-75 所示。

图 6-75

接下来我们的任务就是对照片的各个面比较斑驳的问题进行修复。比如暗面有大量不够黑的位置，这些位置就导致暗面显得比较杂乱。

首先创建曲线调整图层进行压暗处理，然后按 Ctrl+I 组合键对蒙版进行反向，隐藏压暗效果，如图 6-76 所示。

选择"画笔工具"，将前景色设为白色，对暗面中过亮的区域进行涂抹，将这些区域压暗，让这些区域与周边区域的明暗更相近，这样整个暗面会更干净，如图 6-77 所示。

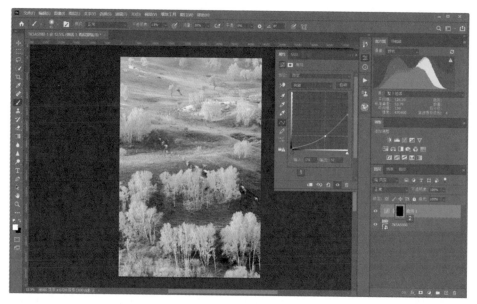

图 6-76

图 6-77

如果借助一条曲线无法将暗面调整得特别干净，我们可以再次创建曲线调整图层，对照片中一些不够暗的暗面进行压暗，如图 6-78 所示。

180

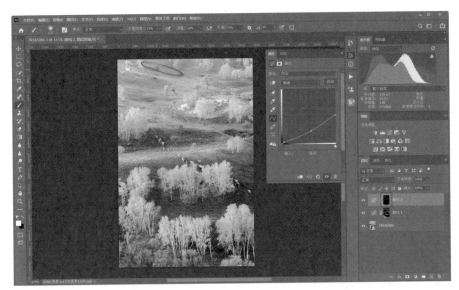

图 6-78

　　我们再次创建一条曲线，然后进行反向，对暗面中一些太黑的区域进行提亮，以便让这些区域与周边区域的明暗更加相近，进一步让暗面变干净，如图 6-79 所示。图 6-80 中标出了需要提亮的一些区域。经过这样的调整，画面整体就会干净很多。

图 6-79

对于画面中高光面亮度不够的问题，我们可以先创建盖印图层，如图 6-81 所示，然后按 Ctrl+Shift+A 组合键进入 Camera Raw 滤镜，如图 6-82 所示，单击"蒙版"按钮，选择"径向渐变"，在画面的左上方制作光照区域。

图 6-80

图 6-81

图 6-82

从原图来看，太阳光线明显是从左侧向右侧照射的，我们这个径向渐变的作用就是制作光线照射的效果。参数设定为提高"曝光"的值，同时，为避免高光位置显得灰蒙蒙的，我们可以降低"阴影"和"黑色"的值，让光照效果自然一些；提高"色温"与"色调"的值，模拟出太阳光线的色彩；降低"清晰度"与"去除薄雾"的值，让太阳光线更柔和。模拟出太阳光线的效果之后，单击"确定"按钮返回，如图 6-83 所示。

图 6-83

至此，这张照片处理完成。

# 6.5 披霞的雪峰：通过倒影营造唯美意境

再来看第 5 个案例。

原始照片如图 6-84 所示，前景的水面明暗过于杂乱。比较简单的处理方案是对比较亮的反光区域进行压暗，对比较暗的倒影区域进行提亮，让水面明暗趋近，这样画面整体才会更干净。

图 6-84

这张照片的前景有些空旷，并且表现力有所欠缺，因此在后期处理时我们为画面制作了倒影效果，这样既遮挡了过于斑驳和杂乱的前景，又丰富了画面的层次，让画面整体显得比较有意思，如图 6-85 所示。

图 6-85

下面来看具体的处理过程。首先在 Camera Raw 中打开原始照片，如图 6-86 所示。

图 6-86

在面板中单击"自动"按钮,由软件自动对照片的影调进行优化,如图 6-87 所示。

图 6-87

在展开的"基本"面板中再次调整各种影调参数,从而为画面增加一定的质感。

此时作为主体的山景在画面中所占的比例过小,因此我们可以选择"裁剪工具",裁掉上方过于空旷的天空和下方过于空旷的水面,让雪峰比例更大、更突出,如图 6-88 所示。

图 6-88

此时画面四周的亮度比较高，中间的雪峰不够引人注目，因此单击"蒙版"按钮，选择"线性渐变"，由左上向右下拖出渐变区域，如图 6-89 所示。

图 6-89

参数设定为稍稍降低"曝光"的值，降低"高光"的值，降低"黑色"的值，压暗照片的四周，这样可以让中间的主体雪山更突出，如图 6-90 所示。

图 6-90

186

本照片中我们只制作了左上角的渐变，只压暗了左上角。为什么没有压暗画

面的右上角？其实非常简单，因为画面右侧是太阳光照射的位置，如果压暗画面的右上角，则不符合光线照射的自然规律。

接下来单击蒙版面板上方的"创建新蒙版"按钮，在打开的菜单中选择"径向渐变"命令，如图 6-91 所示，在画面右上角制作一个径向区域，如图 6-92 所示，模拟太阳光线由右上角向左侧照射的效果。

图 6-91

图 6-92

参数设定为稍稍提高"曝光"的值，提高"对比度"的值，降低"高光"的值，提高"色温"与"色调"的值，模拟光线的色彩，如图 6-93 所示。

此时可以看到，径向照射区域的明暗发生了变化，色彩也发生了较大变化，云霞的效果更加明显。

当前画面中间雪峰的部分过于柔和，不够清晰，因此我们可以再次创建一个径向渐变，在画面中间雪峰位置创建径向渐变区域，参数设定为降低"高光"的值，以避免雪峰部分出现大面积的高光溢出；然后提高"纹理"和"清晰度"的值，强化雪峰部分的质感，这样我们就完成了光照区域的塑造。单击"打开"按钮，将照片在 Photoshop 中打开，如图 6-94 所示。

187

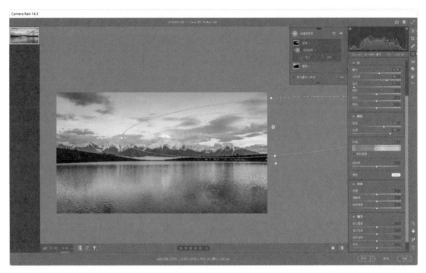

图 6-93

图 6-94

现在我们准备制作水面的倒影。这里需要单独说一下,如果我们不制作水面的倒影,就要使用大量的曲线调整图层对水面比较杂乱的明暗区域进行协调,要压暗亮度过高的位置,提亮亮度过低的位置,让水面的明暗趋近,这样画面整体才会干净。而采用直接制作倒影的方法,会让整个后期处理工作变得简单很多。

制作倒影时，在工具栏中选择"矩形选框工具"，勾选地景及天空部分，如图 6-95 所示。

图 6-95

按 Ctrl+J 组合键将勾选区域提取出来保存为一个单独的图层。之后点开"编辑"菜单，选择"变换"中的"垂直翻转"命令，如图 6-96 所示。将勾选区域进行垂直方向的翻转，如图 6-97 所示。

图 6-96

189

图 6-97

在工具栏中选择"移动工具",将翻转的部分向下拖动到合适位置,这样画面中就出现了倒影,如图 6-98 所示。

图 6-98

如果感觉此时的倒影大小比例等不够合理,我们可以按 Ctrl+T 组合键对这片复制的倒影进行一些变形,可以看到此时倒影四周出现了变换线,如图 6-99 所示。

按住 Shift 键，（Photoshop CC 2018 及之前版本则不必按住 Shift 键）将下方的变换线向上拖动，将倒影压得扁一些，如图 6-100 所示。这样整体会显得更完整，并且倒影的大小与真实景物的大小有一定差别，效果会更自然。

图 6-99

图 6-100

按 Enter 键完成变形。

创建曲线调整图层进行画面整体的压暗，如图 6-101 所示。

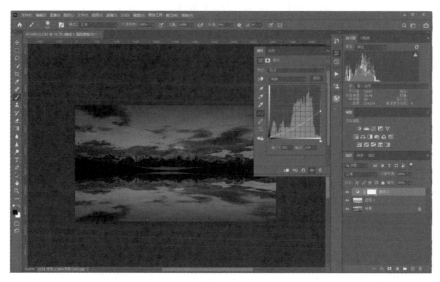

图 6-101

实际上我们想要压暗的只是倒影的下半部分。在工具栏中选择"渐变工具"，将前景色设为黑色，背景色设为白色，选择从黑到透明的渐变，选择线性渐变，由照片的中间部分微微向左下方拖动制作渐变，如图 6-102 所示，用黑色遮挡住照片的绝大部分，用白色遮挡画面的左下部分。

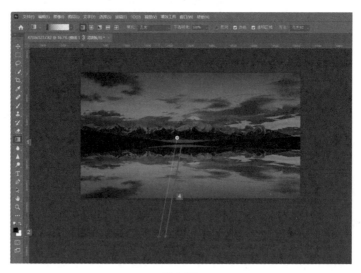

图 6-102

此时可以看到当前的照片的明暗分布与蒙版的对应关系，如图 6-103 所示。

图 6-103

调整完毕之后，此时画面的通透度有所欠缺，因此我们展开 TK 亮度蒙版，单击第 2 级中间调，如图 6-104 所示。

图 6-104

图 6-105

单击 TK 亮度蒙版左下角的折叠菜单图标，在打开的菜单中选择"色阶"（Levels）命令，如图 6-105 所示，创建色阶调整图层，向右拖动灰色滑块，向左拖动白色滑块，以强化画面的反差，如图 6-106 所示。因为我们选择的是中间调区域，因此我们强化的只是中间调区域的反差，而不会导致画面损失高光和阴影的细节。

这样画面整体的通透度就有了很好的提升。至此，我们就可以创建盖印图层，最后对照片进行细节的优化就行了。

图 6-106

194

# 第 7 章

## 无光场景怎样修

　　本章我们讲解无光场景进行后期处理的思路与技巧。实际上无光场景的后期处理思路与有光场景并没有本质上的不同，依然需要我们找到照片中的高光面、一般亮面及暗面，并对 3 个面进行明确和强化，这样画面就会变得立体，影调层次丰富，也会有高级感。不同的是，有光场景的三大面比较明显，而在一些无光场景中，我们很难直接确定哪些区域是高光面，哪些区域是一般亮面，哪些区域是暗面，这需要我们根据照片中的蛛丝马迹，来确定并强化三大面，最终让照片呈现出足够好的效果。

　　本章我们将通过几个具体案例来介绍无光场景怎样修。

# 7.1 芳草地与 CBD：面的匀化与立体感的塑造

本案例中我们将使用一些比较特殊的 Photoshop 工具及调色技巧。比如我们会使用"色彩范围"这个功能，选择照片中一些特定的区域进行明暗调整；我们还会使用"选区工具"，以限定某些区域的边缘，让调整更准确，最终得到比较理想的效果。

首先看原始照片，如图 7-1 所示，地景非常暗，损失了大量细节。绝大多数人的调整效果可能如图 7-2 所示，只是追回了细节，强化了质感，但我们仔细观察会发现，地景的明暗没有规律可言，还是显得比较乱，画面的立体感仍有所欠缺。

图 7-1

图 7-2

图 7-3

经过调整，作为重点对象的远处和中间的建筑的明暗变得合理，从而显得比较立体，近处一些无足轻重的建筑的整体亮度相近，这样画面整体的影调层次变得丰富且有规律，画面显得比较干净、高级，如图 7-3 所示。

下面来看具体的调整过程。

首先将 RAW 格式文件拖入 Photoshop，文件会自动在 Camera Raw 中打开，如图 7-4 所示。

图 7-4

这张照片具有明暗反差过大的问题，因此我们先展开"光学"面板，勾选"删除色差"和"使用配置文件校正"复选项，对画面进行校正，如图 7-5 所示，这样可修复一些不易察觉的瑕疵问题。

图 7-5

197

切换到"基本"面板，单击"自动"按钮，由软件对画面的影调层次进行自动优化，我们可以发现自动优化的效果并不是特别理想，地景依然非常暗，如图7-6所示。因此我们手动调整一些参数，让画面的层次和细节更丰富，然后单击"打开"按钮，在 Photoshop 中打开照片。

图 7-6

图 7-7

地面三角形建筑之外的一些比较矮的建筑的明暗是无规律可循的，一些建筑比较亮，另外一些比较暗。对于比较亮的建筑，如果整体压暗，会导致周边树木及深色的线条出现死黑的问题。这里我们可以采用一种新的办法，即用"色彩范围"这个功能将较亮的建筑选择出来，对其进行有针对性的压暗。

具体操作是，打开"选择"菜单，选择"色彩范围"命令，如图7-8所示。

在打开的"色彩范围"对话框中设定"取样颜色"，然后将鼠标指针移动到近景中比较亮的建筑上，单击取样，如图7-9所示，这样照片中与这个建筑明暗相近的一些区域都会被选择出来。

图 7-8

图 7-9

至于与取样位置的明暗多相近的位置会被选择出来，取决于"色彩范围"对话框中"颜色容差"的值，如图7-10所示。这个值设置得越大，所选择出来的区域会越多；这个值设置得越小，选择的精度会越高，但是选择出来的区域越少。

调整之后，我们在"色彩范围"对话框的预览区中看到白色的区域，即画面中将被选择出来的区域。天空及主体建筑也会被选择出来，这没有关系，后续我们可以从选区中将其去除，或在最后用蒙版将其遮挡住。

图 7-10

　　确定选择区域后单击"确定"按钮，这样就为这些区域建立了选区，如图
7-11 所示。

图 7-11

　　接下来创建曲线调整图层进行压暗处理，我们可以看到天空及作为主体的中
间的三角形建筑都被压暗了，如图 7-12 所示。

图 7-12

　　我们想要压暗的只是近处地景中一些比较低矮的建筑，因此在工具栏中选择"渐变工具"，将前景色设为黑色，背景色设为白色，选择从黑到透明的渐变，选择圆形渐变，在不想压暗的区域涂抹以还原这些区域的亮度，如图 7-13 所示。

图 7-13

注意不要还原地景中比较低矮的建筑的亮度，因为我们要压暗的就是这些建筑。

为了避免地景中的建筑出现严重的失真问题，我们可以稍稍降低曲线调整图层的"不透明度"，让调整效果更柔和，如图 7-14 所示。

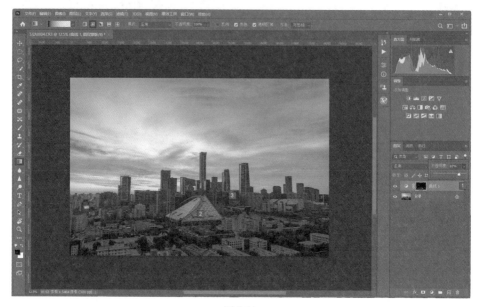

图 7-14

此时观察画面我们会发现，霞光的亮度非常高，它的光照效果会影响到三角形建筑的侧面，如果提亮三角形建筑的侧面，会让这栋建筑显得更立体。

接下来我们创建曲线调整图层，向上拖动曲线进行提亮，稍稍向下拖动蓝色曲线，为整个画面打造暖色调效果。

由于我们想要打造暖色调效果的位置只有三角形建筑的侧面而不是整个画面，因此按 Ctrl+I 组合键将蒙版进行反向，将调整效果隐藏起来，如图 7-15 所示。

此时我们如果使用"画笔工具"直接在三角形建筑的侧面进行涂抹，可能会涂抹到三角形建筑的侧面之外，因为三角形建筑的侧面边缘是比较规律的，所以我们可以考虑在工具栏中选择"多边形套索工具"，将三角形建筑的侧面勾选出来，如图 7-16 所示。

图 7-15

图 7-16

在工具栏中选择"画笔工具"，将前景色设为白色，将"不透明度"和"流量"

203

设为 30%，然后在选区内进行涂抹，还原出调整效果，如图 7-17 所示。用选区对要还原的区域进行限定可让调整更精确。

图 7-17

调整之后，我们会发现这个受光面的色彩感依然比较弱，这个时候可以对之前的调整效果进行适当修改。具体怎样修改？其实非常简单，双击"曲线 2"图层前的图层缩览图，打开曲线调整面板，再对曲线进行调整就可以了。

对中间的三角形的受光面进行调整之后，我们可以看到这个三角形建筑明显更加立体了。

接下来我们对远处的高层建筑进行立体感的塑造，主要方法也是提亮这些建筑的受光面。

创建曲线调整图层，向上拖动曲线，再向上拖动红色曲线，增加红色，向下拖动蓝色曲线，减少蓝色，也就相当于增加黄色，这样画面会被渲染上一些偏橙的色调。按 Ctrl+I 组合键对蒙版进行反向，因为我们要调整的只是远处高层建筑的侧面，如图 7-18 所示。

这些高层建筑的侧面如果直接使用画笔涂抹，依然会存在不够精确的问题，可能会影响天空的表现。

图 7-18

这时我们可以在"图层"面板中单击"背景"图层,然后打开"选择"菜单,选择"天空"命令,将天空选择出来,如图 7-19 所示。

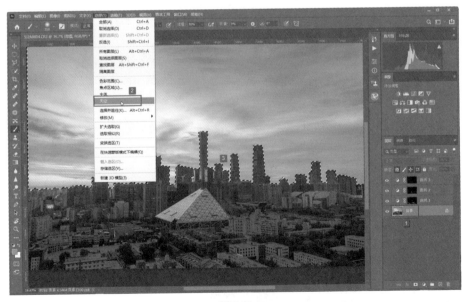

图 7-19

此时选择的是天空，而我们要调整的是地景，因此打开"选择"菜单，选择"反选"命令，如图7-20所示，这样选择出来的就是地景。

单击"曲线3"图层，在工具栏中选择"画笔工具"，依然保持之前的设定，在远处高层建筑左侧，也就是受霞光照射的这一面进行涂抹，还原出之前的调整效果，如图7-21所示。

图 7-20

图 7-21

图 7-22

调整之后，远处高层建筑的侧面整体变亮，并且呈现暖色调，远处高层建筑因此呈现出了较强的立体感，如图7-22所示。

此时观察整个画面，会发现天空的面积过大，与地景的面积大致相等，这是不合理的。因此在工具栏中选择"裁剪工具"，裁掉照片四周过于空旷的部分，然后在上方单击"确认裁剪"按钮，完成照片的裁剪，如图 7-23 所示。

图 7-23

此时照片整体的调整基本完成。我们可以再创建一个曲线调整图层，在"曲线"调整面板中拖出一条轻微弯曲的 S 形曲线，提高画面整体的通透度，此时照片影调层次丰富，重点景物具有很强的立体感，并且画面整体显得非常干净，如图 7-24 所示。

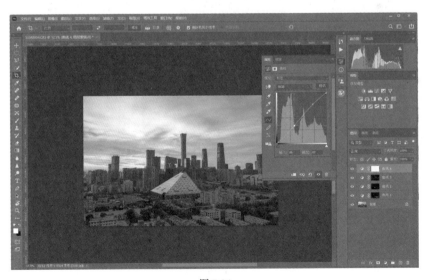

图 7-24

207

实际上，对于这张照片来说，核心的问题只有两个：第一，地景中一些无足轻重的建筑的亮度一定要压下来，这样整个低矮的建筑区域的明暗和色彩趋近，画面就会显得比较干净；第二，对建筑的一些受光面一定要进行提亮和色调渲染，这样建筑才会呈现出更强的立体感。经过这两方面的调整，画面就会显得层次丰富、非常立体，并且整体比较有序、干净，从而呈现出高级感。

至于后续的锐化、降噪以及保存设定等操作，这里就不再过多进行讲解了。

# 7.2 祈年殿全景：匀化与重塑画面影调

下面介绍大场景古建筑题材影调调整的实战技巧。

本案例的原始照片有 9 张，如图 7-25 ~ 图 7-33 所示，是从 9 个角度对图中场景进行竖拍得到的，我们对其进行接片，再对接好的照片进行影调的重塑与画面的调色，最终得到了比较理想的效果，如图 7-34 所示。

图 7-25

图 7-26

图 7-27

图 7-28　　　　　　　　　　图 7-29　　　　　　　　　　图 7-30

图 7-31　　　　　　　　　　图 7-32　　　　　　　　　　图 7-33

图 7-34

209

这个案例的处理难度是比较大的，涉及比较多的知识点。我们需要对画面中一些区域的影调进行单独调整，塑造画面的光感，并协调画面整体的色彩。

下面来看具体的处理过程。

首先在素材文件夹中选择本案例要使用的 9 张照片，如图 7-35 所示，将其拖入 Photoshop，这些照片会自动载入 Camera Raw。

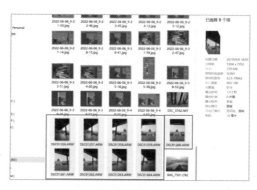

图 7-35

从左侧的胶片窗格中可以看到打开了多张照片，如图 7-36 所示。

图 7-36

右击胶片窗格中的某一张照片，在弹出的菜单中选择"全选"命令，如图 7-37 所示，这样可以将所有的照片全部选中。

再次右击某一张照片，在弹出的菜单中选择"合并到全景图"命令，如图 7-38 所示。

图 7-37

图 7-38

此时会弹出"合并到全景图"警示框，直接单击"确定"按钮，如图 7-39 所示。

此时会打开"全景合并预览"对话框，我们要在这个对话框中进行一些设置。

首先设置"投影"，一般来说"球面"和"圆柱"是比较常用的两种，"透视"使

图 7-39

用得比较少。选择"球面"后，可以看到接片效果还可以，但画面整体比较扁，如图 7-40 所示。

图 7-40

选择"圆柱"后,可以看到接片效果更理想,特别是建筑的顶部,展现了更多的区域,如图 7-41 所示。

图 7-41

如果选择"透视",会发现无法合并选定图像,如图 7-42 所示。

图 7-42

本例中我们选择"圆柱"。

之后将"边界变形"的值调整到最高。所谓边界变形是指利用有像素的区域填充四周空白的区域。将"边界变值"的值调整到最高之后，四周空白的区域就被填充了出来。当然，画面会产生一定的形变，但这种形变目前在可接受的范围之内。

勾选下方的"应用自动设置"复选项，可由软件对当前的照片进行自动调整。在之前的案例中我们已经进行过多次自动调整，具体操作是在"基本"面板中单击"自动"按钮。在此如果我们不勾选"应用自动设置"复选项，后续单击"基本"面板中的"自动"按钮可以取得同样的效果。

勾选"自动裁剪"复选项可以裁掉四周空白的区域。但因为我们之前已经将"边界变形"的值调整到了最高，所以勾选"自动裁剪"没有意义。

最后单击"合并"按钮，如图 7-43 所示。

图 7-43

此时会弹出"合并结果"对话框，保持默认设置，直接单击"保存"按钮即可，如图 7-44 所示。

这样，拼合后的照片会在 Camera Raw 主界面中打开，左侧胶片窗格的最下方会出现该照片的缩略图，在右侧的"基本"面板中可以看到自动调整的效果，如图 7-45 所示。

图 7-44

图 7-45

接下来我们降低"高光"的值，追回高光的细节；提高"阴影"的值，追回暗部的细节；稍稍提高"对比度"的值，丰富画面的层次；提高"清晰度"的值，强化建筑的质感，如图 7-46 所示。

图 7-46

对照片的影调进行初始调整之后，接下来对照片的色调进行一些基本的调整。切换到"混色器"面板，再切换到"饱和度"子面板，在其中降低"绿色""淡绿色""蓝色"的饱和度。因为房顶部分的绿色、青色、蓝色的饱和度非常高，需要稍稍降低这些色彩的饱和度，这样我们就确定了照片的基本色调。

单击"打开"按钮，如图 7-47 所示，进入 Photoshop 进行精修。

图 7-47

215

在工具栏中选择"裁剪工具"，裁掉左右两侧及下方一些不规则的区域，如图 7-48 所示。

图 7-48

图 7-49

此时观察照片会发现，建筑走廊的顶部有一些区域的亮度过高，特别干扰视线，也不符合自然规律，应将其压暗；此外，地面的光也比较乱，如图 7-49 所示。

因此图 7-49 中标出的区域应该被压暗。一些立柱或者墙体的遮挡处应该处于阴影中，把这些区域压暗，画面中的阴影就会比较有规律，那么地景整体就会变得协调。

创建曲线调整图层，向下拖动曲线对画面进行压暗，此时压暗的是画面整体，如图 7-50 所示。

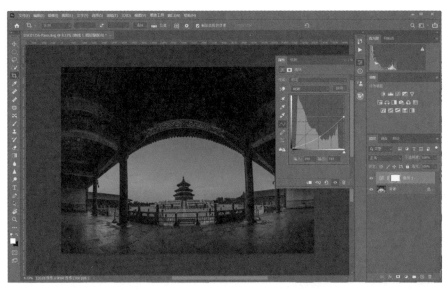

图 7-50

实际上我们想要压暗的只是地面的一些阴影，因此按 Ctrl+I 组合键对蒙版进行
反向。在工具栏中选择"画笔工具"，将前景色设为白色，"不透明度"设为 12%，"流
量"设为 20%，用画笔对地面立柱的投影、墙体的投影、一些亮度过高的反光位置
进行压暗，如图 7-51 所示。完成后可以看到地景变得干净并且层次丰富。

图 7-51

将"不透明度"和"流量"提高到30%，在建筑走廊顶部亮度比较高的位置进行涂抹，把这些位置压暗，如图7-52所示。

图 7-52

图 7-53

对照片的影调进行重塑之后，创建一个盖印图层，如图7-53所示。

接下来我们想要塑造高亮的霞光部分。按 Ctrl+Shift+A 组合键，进入 Camera Raw 滤镜，单击蒙版图标，在天空中间的左侧制作一个径向渐变区域，以模拟被霞光照射的高亮区域，如图7-54所示。

参数设定为提高"曝光"的值，降低"高光"的值，避免出现高光溢出的问题；提高"色温"与"色调"的值，制作暖光效果；提高"饱和度"的值，让霞光的色彩更浓郁，如图7-55所示。

图 7-54

图 7-55

此时墙体和立柱背对霞光的一侧也被渲染上了这种光照效果,这是不合理的。因此单击"减去"按钮,在打开的菜单中选择"色彩范围"命令,如图 7-56 所示。

219

然后在立柱上单击，那么与我们单击位置色彩相近的一些区域就会被排除在径向渐变的调整范围之外，可以看到所有的立柱都被排除了，如图 7-57 所示。

图 7-56                                  图 7-57

再次单击"减去"按钮，再次选择"色彩范围"命令，如图 7-58 所示，在建筑走廊顶部单击，将这片区域也排除在径向渐变的调整范围之外，如图 7-59 所示。

图 7-58                                  图 7-59

只要勾选"显示叠加"复选项，就可以看到我们制作的径向渐变所影响的区域，此时主要是影响天空区域，如图 7-60 所示。

我们可以再次微调各种参数，让霞光效果更明显，如图 7-61 所示。

图 7-60

图 7-61

对于近处地景亮度比较高的问题，我们可以单击"创建新蒙版"按钮，在打开的菜单中选择"线性渐变"命令，如图 7-62 所示，由近处地景向上拖出一个渐变区域，稍稍降低"曝光"的值，为地景制作一个明暗的渐变。此时画面的四周暗、中间亮，强调了画面中间的重点景物。调整完毕后单击"确定"按钮，如图 7-63 所示，返回 Photoshop 主界面。

图 7-62

图 7-63

当前画面整体有些窄，建筑有一些变形。因此我们可以在工具栏中选择"裁剪工具"，向左右两侧扩充构图，扩充出两个空白区域，如图 7-64 所示。

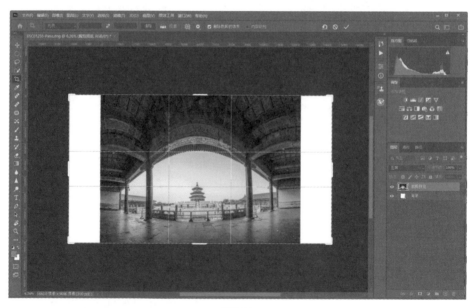

图 7-64

　　然后在工具栏中选择"矩形选框工具"，选出右半边区域，按 Ctrl+T 组合键对照片执行"变形"命令，按住 Shift 键向右拖动扩展，如图 7-65 所示。

　　用同样的方法对左侧进行扩展。这样我们就通过"变形"改变了画面的构图，画面整体效果变得更理想，如图 7-66 所示。

图 7-65

图 7-66

创建一个曲线调整图层，在"曲线"调整面板中拖出一条 S 形曲线，让画面整体更通透，如图 7-67 所示。

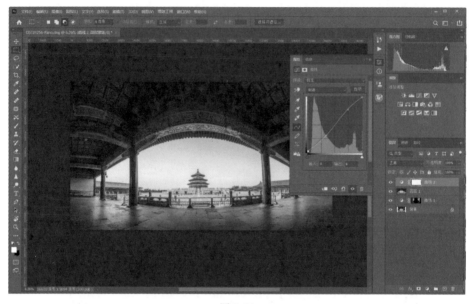

图 7-67

此时观察照片可以看到走廊顶部有一些眩光，如图 7-68 所示，因此我们可以创建一个曲线调整图层对其进行压暗，如图 7-69 所示。

图 7-68

224

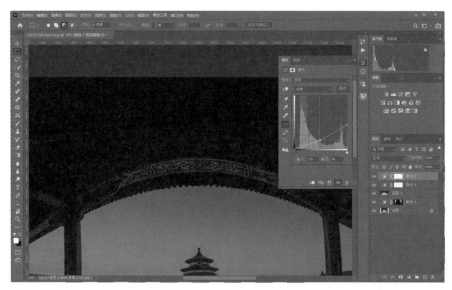

图 7-69

我们主要想要压暗的是眩光部分，因此需要将蒙版进行反向，遮挡所有的压暗效果。在工具栏中选择"画笔工具"，将前景色设为白色，"不透明度"和"流量"依然设为30%，缩小画笔直径，在眩光位置进行涂抹，把眩光压暗。最终可以看到，眩光不再明显，画面整体效果好了很多，如图7-70所示。

图 7-70

至此，这张照片的调色初步完成。当然，如果要追求更好的效果，我们还可以对影调和色彩再次进行精修，但因为篇幅关系，这里不再过多演示。

# 7.3 贡格尔草原之夏：制作受光面

图 7-71

本例中，因为整个场景都处于散射光环境中，远处有乌云，画面没有明显的光感，这导致整个画面影调层次不够丰富，不够立体，如图 7-71 所示。

我们仔细观察，可以发现左上角受到太阳光线的影响，亮度是偏高的，因此我们可以将这个位置塑造为画面的高光面；对地面有重点景物的区域稍稍提亮，刻画出一般亮面；将其他无光区域作为暗面；这样，照片的三大面就有了，画面整体就会变得有光感、比较立体。可以看到调整之后的画面效果还是比较理想的，如图 7-72 所示。

图 7-72

下面来看具体处理过程。首先将 RAW 格式文件拖入 Photoshop 并载入 Camera Raw，如图 7-73 所示。

图 7-73

在右侧的参数面板上单击展开"基本"面板，然后单击"自动"按钮，由软件进行自动调整，优化照片的影调层次和细节，如图 7-74 所示。

图 7-74

如果感觉软件自动优化的效果不够理想，我们可以手动对各种影调参数进行微调。这里要注意要提高"清晰度"的值，强化画面的质感。另外，对于高光及

227

阴影的细节追回不彻底的问题，我们可以手动压暗高光，提亮阴影，追回更多的细节，如图 7-75 所示。

图 7-75

在工具栏中选择"污点修复工具"，然后放大照片，将其中的一些污点修复，如图 7-76 所示。

图 7-76

对于当前照片中乌云部分蓝色饱和度过高的问题，我们可以从"混色器"面板切换到"饱和度"子面板，然后选择"目标调整工具"，将鼠标指针移动到乌云上，按住鼠标左键向左拖动就能降低乌云的饱和度，可以看到蓝色的饱和度被降低，画面的色彩整体更加协调，如图 7-77 所示。

图 7-77

对于乌云不够黑的问题，我们可以切换到"明亮度"子面板，然后在乌云上按住鼠标左键向左拖动，以降低乌云的亮度，如图 7-78 所示。

图 7-78

对于画面左侧有一些偏紫的问题，我们可以切换到"色相"子面板，向左拖动紫色滑块让偏紫的区域变蓝，这样画面天空部分整体的色彩就变得更协调了，如图 7-79 所示。

图 7-79

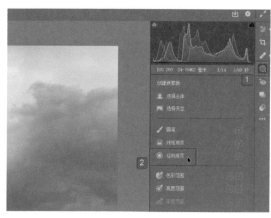

图 7-80

这样，照片整体影调及色彩的初步调整就完成了。

接下来我们对照片的一般亮面，也就是地景中需要提亮的一些位置进行处理。在工具栏中单击"蒙版"按钮，然后选择"径向渐变"，如图 7-80 所示。

在需要提亮的位置上拖出一些径向区域，如图 7-81 所示。

参数设定主要是提高"曝光"的值，稍稍提高"色温"的值，因为高光部分往往会呈现出一些暖色调。如果高光部分的色彩偏冷，画面一定会给人偏色的感觉，所以要提高"色温"的值。可以看到 3 个毡房所在的区域整体变亮，出现了光感，如图 7-82 所示。

图 7-81

图 7-82

接下来用同样的方法对瓦房所在的区域及其附近区域进行提亮,如图 7-83 所示。

231

图 7-83

添加径向滤镜时，直接在蒙版面板中单击"添加"按钮即可，如图 7-84 所示。

图 7-84

处理完一般亮面之后，回到"基本"面板，在其中对照片整体的影调再次进行微调，让画面整体更协调，如图 7-85 所示。

左上角高光面的亮度已经非常高了，没有必要进行过多的调整。

图 7-85

至此，我们可以看到，左上角是高光面，地景中受光线照射的区域是一般亮面，而周边区域是暗面，三大面比较明确，画面效果也比较理想。这样，我们基本上就完成了这张照片的调整。

接下来可以对画面的细节进行优化。切换到"细节"面板，在其中将"锐化"的值稍稍提高一些，对画面进行锐化；然后按住 Alt 键，向右拖动"蒙版"滑块，以限定锐化的区域（主要是一些景物的边缘），如图 7-86 所示。

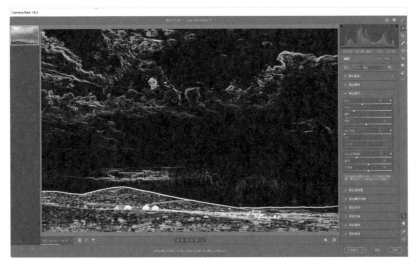

图 7-86

放大照片之后我们可以看到很多的噪点，如图 7-87 所示，因为这张照片拍摄的时间比较早，拍摄所使用的相机比较老，性能有所欠缺，所以接下来我们进行降噪。向右拖动"减少杂色"滑块，可以看到画质明显变好，然后单击"打开"按钮，将照片在 Photoshop 中打开，如图 7-88 所示。

图 7-87

图 7-88

对于照片整体通透度有所欠缺的问题，我们依然使用之前讲解的办法，展开 TK 亮度蒙版，单击第 2 级中间调，选择中间调区域，如图 7-89 所示。

图 7-89

然后在 TK 亮度蒙版面板左下角单击折叠菜单图标，在打开的菜单中选择"曲线"（Curves）命令，创建曲线调整图层，如图 7-90 所示。

创建一条比较弯曲的 S 形曲线，强化中间调的反差，这样画面整体会变得更通透，如图 7-91 所示。至此，我们就完成了这张照片的处理。

可以看到，原照片整体灰蒙蒙的，没有影调层次，调整之后，影调层次丰富，效果非常理想。

本例所讲的是无光场景的后期调整思路，即通过制作受光面让照片变得层次丰富、有立体感。

图 7-90

235

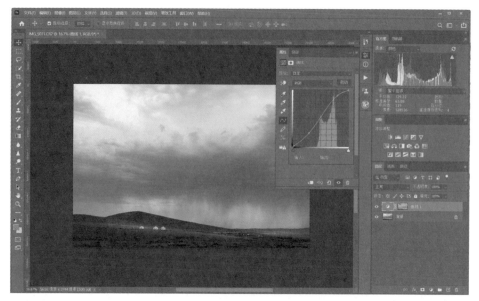

图 7-91

# 7.4 四方顶子雪景：全方位重塑影调

图 7-92

这个案例有一些难度，图 7-92 所示的这张照片是一张在日出之前拍摄的雪景照片，画面整体非常平淡，没有任何的光感，虽然有漂亮的雪景，但是层次和立体感都有所欠缺。

调整之后，可以看到画面呈现出了比较明显的立体感，层次也变得更加丰富了，整体显得比较高级，如图 7-93 所示。

图 7-93

对于这张照片来说，我们主要做了这样几项工作。

通过观察，我们发现树木的右侧有淡淡的阴影，因此，可以对这种阴影进行强化，让阴影更明显；有阴影自然会有光源和受光面，画面的光源（高光）一定在左侧，因此，将画面左上角稍稍提亮，制作出光线的痕迹；此时，树木的左侧就是受光面，因此我们对树木的左侧进行提亮。

我们制作的效果整体比较柔和，但依然能让画面呈现出高光、受光面和阴影3个区域，最终画面整体的立体感就表现出来了，影调层次也变得丰富起来。

下面来看具体的处理过程。

首先在 Camera Raw 中打开原始照片，如图 7-94 所示。

图 7-94

切换到"基本"面板，对照片的影调层次进行优化，主要是提高"曝光"的值，降低"高光"的值，提高"阴影"的值，降低"黑色"的值，以保持画面的通透度，这样画面整体的基调就确定了，如图 7-95 所示。

图 7-95

当前画面的色彩有些偏暖，因此，降低"色温"和"色调"的值，让画面整体的色彩趋于正常。这样，照片整体的色彩基调就定好了，如图 7-96 所示。

图 7-96

当前黑色的树干与白色的背景形成了强烈的反差，所以画面中存在彩边的问题，因此切换到"光学"面板，勾选"删除色差"复选项，以消除高反差边缘的彩边，然后单击"打开"按钮，将照片在 Photoshop 中打开，如图 7-97 所示。

图 7-97

按 Ctrl+J 组合键复制一个图层，在工具栏中选择"污点修复画笔工具"，消除掉照片中一些比较明显的污点，如图 7-98 所示。

图 7-98

239

同时消除地景中一些比较杂乱的枯枝，让地景更干净，如图 7-99 所示。

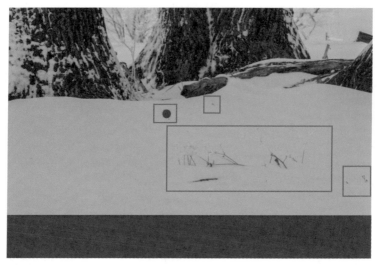

图 7-99

　　对于一些比较大的枯枝，我们可以使用修补工具进行修补，如图 7-100 所示，修补工具的使用方法我们已经讲过，这里不再过多介绍。将污点修复画笔工具、修补工具等工具结合使用，才能使地景更加干净。

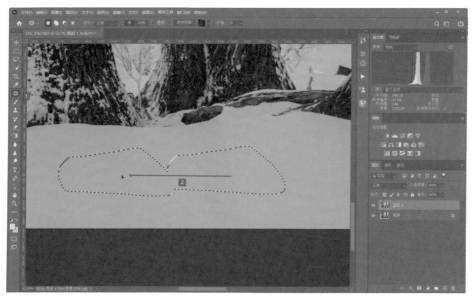

图 7-100

修复完成之后对比修复前后的效果，如图 7-101 和图 7-102 所示，可以看到修复之后的地面明显更干净。

图 7-101

图 7-102

接下来我们分析整张照片，解决这张照片最关键的问题。对树木右侧淡淡的阴影进行强化，然后对树木左侧进行提亮，如图 7-103 所示。这样，这张照片就会变得立体起来。

图 7-103

241

创建曲线调整图层，向下拖动曲线，对画面整体进行压暗，如图 7-104 所示。

图 7-104

实际上我们要压暗的只是树木右侧的阴影，因此按 Ctrl+I 组合键对蒙版进行反向，在工具栏中选择"画笔工具"，将前景色设为白色，画笔设定为"柔性画笔"，将"不透明度"设为 12%，"流量"设为 20%，然后缩小画笔直径，在树木的右侧进行轻轻涂抹，如图 7-105 所示。

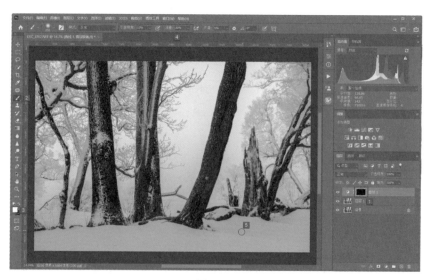

图 7-105

242

注意涂抹的方向一定是向右，并且越向右颜色越浅淡，如图 7-106 所示，这才符合树木阴影的特点。

图 7-106

因为这是散射光下的阴影，所以要非常浅淡。阴影既要明显又要浅淡，这个度就比较难以把握。因此，在制作阴影时一定要特别仔细和谨慎。

如果某些位置的阴影处理得过重，不够自然，可以将前景色设为黑色，然后在这些位置进行涂抹，将阴影遮挡起来，如图 7-107 所示。

图 7-107

制作好阴影之后，接下来我们制作受光面。创建曲线调整图层，向上拖动曲线进行提亮，如图 7-108 所示。

图 7-108

图 7-109

因为我们要提亮的只是树干的左侧，所以按 Ctrl+I 组合键对蒙版进行反向，如图 7-109 所示，隐藏提亮效果。

接下来我们就要使用画笔等工具对树干的左侧进行涂抹，还原出提亮效果。树干的边缘是比较规则的，如果使用画笔涂抹很容易涂抹到背景，因此我们可以先把树干选择出来，对边缘进行限定，这时在"图层"面板中单击选择下方的像素图层，然后在工具栏中选择"快速选择工具"，设定选区的运算方式为"添加到选区"，然后在树干上拖动，将树干快速选择出来，如图 7-110 和图 7-111 所示。

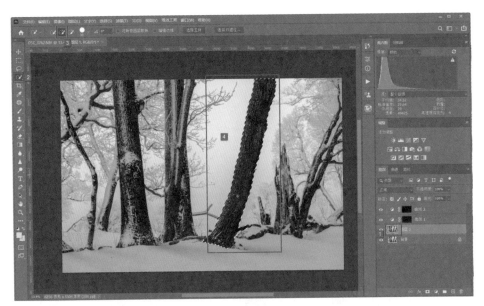

图 7-110

图 7-111

对于选择进来的背景部分，可以选择"套索工具"，然后将选区的运算方式设定为"从选区减去"，减去选择进来的背景，如图 7-112 所示。

要注意一定不能多选择太多的背景，否则这些背景也会被提亮，导致涂抹的区域不够自然。

图 7-112

单击"曲线 2"图层的蒙版，在工具栏中选择"画笔工具"，将前景色设为白色，将"不透明度"和"流量"设为 50%，然后对树干的左侧进行涂抹，因为光线照射的只是树干的左侧，如图 7-113 所示。

图 7-113

涂抹出树干的受光面之后，降低"不透明度"和"流量"的值，然后在画面左上角轻轻涂抹，模拟出太阳光线的效果，也就是这张照片的高光部分，如图 7-114 所示。

图 7-114

这样我们就塑造好了三大面。有了三大面，画面整体会变得足够立体。

对于这张照片整体稍显杂乱的问题，我们可以尝试使用一种新的方法来优化，即按 Ctrl+Alt+Shift+E 组合键创建一个盖印图层，如图 7-115 所示，然后打开"滤镜"菜单，在"Nik Collection"中选择"Color Efex Pro 4"命令，如图 7-116 所示。

图 7-115

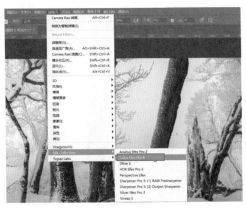

图 7-116

进入"滤镜库"界面，选择"魅力光晕"，在其中选择一种魅力光晕效果，此处选择"02-更强光晕"，此时我们可以看到画面整体变得柔和、干净，然后单击"确定"按钮返回，如图 7-117 所示。

图 7-117

对于照片柔化过度的问题，我们可以将新产生的"魅力光晕"图层的不透明度降低一些，如图 7-118 所示，让画面整体的效果更自然。这样我们就完成了这张照片的后期处理。

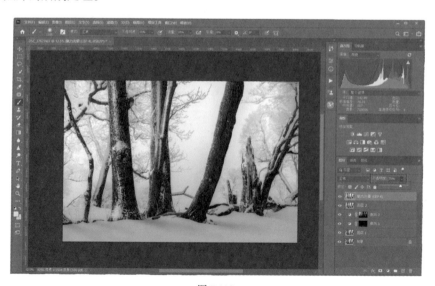

图 7-118

至于照片的锐化以及降噪等操作，这里就不再过多介绍。

调整前后的画面效果差距是非常大的，原图整体没有光感，不够立体，画面也不够漂亮；调整之后的画面产生了光感，影调层次变得丰富，比较立体和耐看。

# 第 8 章

# 超实用的影调重塑思路与技巧

本章我们将通过两个具体案例来介绍特殊场景的影调重塑思路与技巧。

这两个案例都有一定的难度，但又比较重要，如果你能够通过这两个案例学会笔者介绍的思路和技巧，那么后续在面对这种比较有难度的场景时，就能快速反应，修出比较理想的照片。

# 8.1 雪后清晨

　　首先来看第 1 个案例，这是一张在无光场景中拍摄的照片，但我们又能看到光源的位置，所以近景的树木背面应该有一定的阴影，画面才会自然。具体处理时，我们应该结合光源的位置对画面的影调进行重塑。

　　如果不考虑光源的位置而盲目对画面影调进行调整，画面结构一定是散的，不够耐看。

图 8-1

　　原始照片如图 8-1 所示，因为这张照片是使用鱼眼镜头拍摄的，所以画面的视角很大，导致右侧出现了多处穿帮的问题。后续我们进行了简单的校正，保留了大幅度的几何变形，造成夸张的视觉透视感，同时很好地去除了右侧的一些穿帮的位置。另外，我们对画面的影调进行了重塑，让画面更具光感，更具立体感，层次也更丰富，如图 8-2 所示。

图 8-2

251

下面来看具体的调整过程。

首先在 Camera Raw 中打开原始照片，如图 8-3 所示。

图 8-3

切换到"光学"面板，勾选"删除色差"和"使用配置文件校正"复选项，可以看到此时的画面变形得到了彻底校正，如图 8-4 所示。

图 8-4

但这不是我们想要的效果，因此我们向左拖动"扭曲度"滑块，恢复一下原照片的几何变形，确保避开右侧的树干和三脚架，如图 8-5 所示。

图 8-5

对于 4 个角明显变亮的问题，我们向左拖动"晕影"滑块，避免四周变亮。经过调整，最终我们得到了比较理想的画面效果，如图 8-6 所示。

图 8-6

回到"基本"面板，在其中对照片的影调层次进行优化，主要是提高"曝光"和"对比度"的值、降低"高光"的值、提高"阴影"的值、提高"黑色"的值，让画面暗部显示出更多的层次和细节，并且依然保持比较理想的明暗反差，如图 8-7 所示。

图 8-7

对于这张照片，其实我们很容易判断光源的位置，就是画面中间偏下太阳将要升起的位置，那么我们怎样强化光感呢？

可以通过制作径向渐变模拟光感，如图 8-8 所示，同时提高"曝光"的值，提高"阴影"的值；根据我们之前所介绍的，还要稍稍提高"色温"的值，因为高光部分偏暖；这样我们就塑造出了光感，如图 8-9 所示。

图 8-8

图 8-9

这种径向渐变会同时将树木提亮，这也是一种穿帮，因此我们可以在蒙版面板中单击"减去"按钮，在打开的菜单中选择"亮度范围"命令，如图 8-10 所示。

图 8-10

在中间的树木上单击，这样就可以将与我们所想选择位置的树木明暗相近的树木都排除在调整区域之外，确保我们创建的光感只影响天空以及近处的地面部分，而树木的背光面不受影响，如图 8-11 所示。

255

图 8-11

勾选"显示叠加"复选项，可以看到我们制作的光感所影响的区域呈现红色，很好地避开了树木的背光面，如图 8-12 所示。

图 8-12

制作好光感之后，接下来我们在工具栏上方单击"编辑"按钮，退出蒙版，切换到"混色器"面板，在其中切换到"饱和度"子面板，稍稍降低"浅绿色"和"蓝色"的饱和度，避免原照片中青色和蓝色过重，然后单击"打开"按钮，将照片在 Photoshop 中打开，如图 8-13 所示。

图 8-13

接下来我们修复照片中的瑕疵。

按 Ctrl+J 组合键复制一个图层，在工具栏中选择"修补工具"，去除照片左下角的一些干扰物，如图 8-14 所示。

图 8-14

其他一些干扰物如图 8-15 所示，同样需要去除。

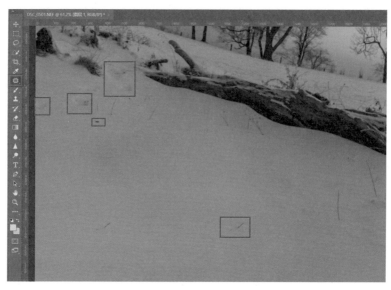

图 8-15

对于照片中间的一些脚印，如图 8-16 所示，也可以进行简单修饰，去除一些脚印可以使这片区域更规整。

图 8-16

对于左下角的一些背光面，我们可以稍稍压暗，从而营造出更强的立体感。创建曲线调整图层，向下拖动曲线，压暗画面，如图 8-17 所示。

图 8-17

由于我们想要压暗的只是左下角，所以对蒙版进行反向，然后在工具栏中选择"画笔工具"，将前景色设为白色，将"不透明度"设为 8%，"流量"设为 20%，在照片中背光的位置进行涂抹，制作出浅淡的阴影，这样画面整体就会更立体，如图 8-18 所示。

图 8-18

259

比较大的这棵树的右侧应该会受到光照的影响，所以我们可以在"图层"面板中单击像素图层，在工具栏中选择"快速选择工具"，勾选出树干部分，如图8-19所示。

图 8-19

创建曲线调整图层，向上拖动曲线进行提亮，此时创建的曲线调整图层针对的是选区之内的部分，整个树干都会被提亮，如图 8-20 所示。

图 8-20

我们想要提亮的只是树干右侧受光照影响的部分，因此在工具栏中选择"画笔工具"，将前景色设为黑色，将"不透明度"和"流量"设为80%，在树干左侧进行涂抹，隐藏树干左侧的提亮效果，如图 8-21 所示。这样就呈现出了只有树干右侧受到光照影响的效果。

图 8-21

对于画面左下方倒下的树干，我们将前景色设为白色，将"不透明度"设为12%，"流量"设为20%，对倒下的树干上的雾凇进行轻微的涂抹，制作出这部分的光感，如图 8-22 所示。

图 8-22

这样画面整体就会呈现出强的立体感。

因为此时画面有了受光面，有了淡淡的阴影，所以画面能够显示出很强的立体感。受光面和阴影都比较浅淡，是无光场景照片后期处理的一个特点。

对于中间树上的雾凇比较暗的问题，我们可以将雾凇选择出来单独进行提亮，让雾凇更明显。

具体操作是，在"图层"面板中单击像素图层，然后打开"选择"菜单，选择"色彩范围"命令，在打开的"色彩范围"对话框中设定取样颜色，然后在中间的树上单击取样，这样与我们单击位置明暗相似的一些雾凇就会被选择出来。在"色彩范围"对话框中的预览区中，白色区域就是我们选择出来的区域。可以看到除了雾凇之外，左上角的天空与左下角的雪地也呈白色，即也被选择了出来，这没有关系，后续我们可以将这些区域的提亮效果隐藏。现在只要确保雾凇部分被准确选择出来即可。之后单击"确定"按钮返回选区，如图 8-23 所示。

图 8-23

创建曲线调整图层，向上拖动曲线，可以看到整个雾凇部分被提亮，如图 8-24 所示。

之前我们提到左上角的天空、左下角的雪地也被提亮了，这时我们可以使用"画笔工具"，将前景色设为黑色，提高"不透明度"和"流量"到 100%，对左上角的天空和左下角的雪地进行涂抹，将这些部分遮挡起来。

图 8-24

此时可以看到雾凇部分依然保持提亮的状态。如果感觉雾凇部分太亮，我们可以稍稍降低这个曲线调整图层的"不透明度"，让效果更自然，如图 8-25 所示。

图 8-25

对于照片通透度不够的问题，我们可以单击最上方的曲线调整图层，然后展开 TK 亮度蒙版，单击第 2 级中间调，将中间调选择出来，如图 8-26 所示。

图 8-26

在 TK 亮度蒙版面板左下角单击折叠菜单图标，选择"曲线"（Curves）命令，如图 8-27 所示。

创建比较弯曲的 S 形曲线，强化画面的反差，这样照片整体就会变得更通透，如图 8-28 所示。

图 8-27

图 8-28

接下来我们进入 Camera Raw 滤镜对画质进行优化。先创建一个盖印图层，如图 8-29 所示。

按 Ctrl+Shift+A 组合键进入 Camera Raw 滤镜，如图 8-30 所示，切换到"效果"面板，向左拖动"晕影"滑块，为画面四周创建晕影，也就是让照片四周暗一些，然后单击"确定"按钮返回，这样观者的视线会进一步集中到画面中间的区域。

图 8-29

图 8-30

雪景如果有一种朦胧感，画面会更唯美，因此我们按 Ctrl+J 组合键复制一个图层，如图 8-31 所示。

创建高斯模糊，设定模糊的"半径"为 30，然后单击"确定"按钮，如图 8-32 所示。

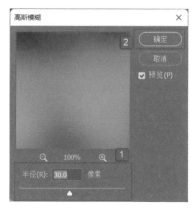

图 8-31 图 8-32

将上方的高斯模糊图层的混合模式改为"柔光",如图 8-33 所示。

图 8-33

创建曲线调整图层,单击"剪切到图层"按钮,确保曲线调整只影响下方的模糊图层,然后在中间的曲线框中单击左下角的锚点向上拖动到中间位置,此时可以看到画面恢复了原有的明暗层次,并且整体增加了一种柔和的、朦胧的美感,如图 8-34 所示。

图 8-34

　　最后为画面增加朦胧感的这个步骤，大家记住就可以，这种方法适合绝大多数的风光与人像摄影题材。

# 8.2 光影小品

　　接下来看第 2 个案例。这是一个室内的静物场景，是一个有光的场景。我们认为这是一个比较难处理的场景，因为这个场景的光线比较乱，没有太多的规律可循，无论我们怎样调整，感觉都不太合理。

　　在这种情况下，我们可以根据个人的主观想法对照片进行影调重塑，而不必考虑过多的其他因素。当然，主观想法也要符合逻辑。

　　可以看到原照片右侧有其他灯光的照射，画面下方摆放花瓶的桌子中间的亮度有些高，而中间的木屏风整体有些变形，但其实并非真的变形，而是光照的效果所导致的，如图 8-35 所示。

　　在后期调整时，我们将四周压暗，对中间部分导致线条出现弯曲感的光影效果进行调整，让每一扇屏风的亮度更均匀，这样画面整体就会变得规整，显得比较高级，如图 8-36 所示。

　　下面来看具体的处理过程。

267

这张照片是使用手机拍摄的，是 JPEG 格式的，将其拖入 Photoshop 会直接打开，如图 8-37 所示。

图 8-35                                                    图 8-36

图 8-37

我们最终确定画面只保留中间的灯光这一个光源，根据光线投射的规律，可以先把比较明显的问题解决。分析照片，可以看到要压暗的区域其实比较明显，主要就是画面的左上角、右上角、最右侧的这一扇屏风、正下方摆放花瓶的桌子的中间区域，以及花瓶的下方。

创建曲线调整图层，向下拖动曲线，进行压暗，如图 8-38 所示。

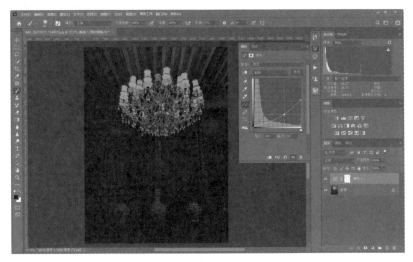

图 8-38

对蒙版进行反向，在工具栏中选择"画笔工具"，设定前景色为白色，"不透明度"为 12%，"流量"为 20%，在图中标出的位置进行涂抹，还原出压暗的效果，可以看到压暗之后，画面整体效果好了很多，如图 8-39 所示。

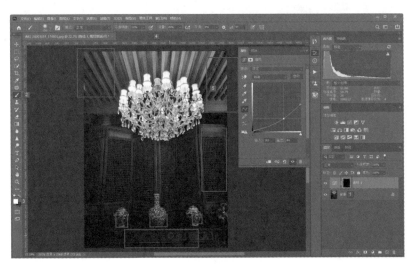

图 8-39

269

对屏风中间的一些缝隙也要进行压暗，因为这些位置距离光源明显更远，压暗这些位置有助于让屏风呈现出更强的立体感，如图 8-40 所示。

图 8-40

创建曲线调整图层进行提亮，然后对蒙版进行反向，如图 8-41 所示。

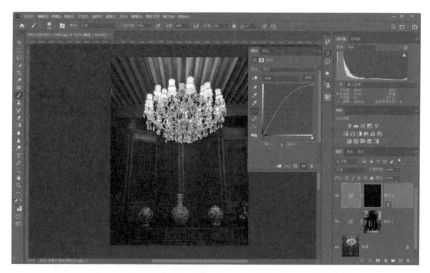

图 8-41

对照片中的一些受光面进行提亮。在工具栏中选择"画笔工具"，画笔依然是之前的设定，对花瓶上被直射的部分进行涂抹，还原出这些位置的提亮效果；

对屏风上接近光源的一些缝隙进行涂抹，相当于对这些位置进行提亮，如图 8-42 所示。

图 8-42

对于画面左上角的眩光部分，我们可以再次创建一个曲线调整图层，向下拖动曲线进行压暗，然后对蒙版进行反向，在有眩光的位置轻轻涂抹，这样可以弱化眩光，让画面整体显得更干净，如图 8-43 所示。

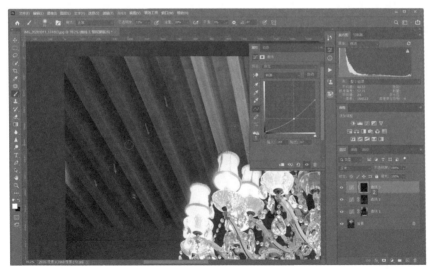

图 8-43

对于画面左上角的光斑位置，我们可以创建一个盖印图层，如图 8-44 所示。

在工具栏中选择"套索工具"，在这片光斑周边勾选一片更大的正常亮度的区域，如图 8-45 所示，我们准备用这片区域把光斑遮挡起来。

图 8-44

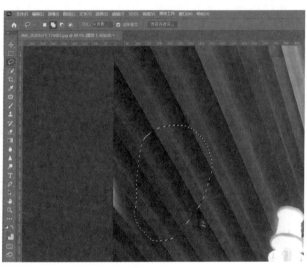

图 8-45

按 Ctrl+J 组合键，将所选择的区域复制成为一个单独的图层，然后在工具栏中选择"移动工具"，将这片区域拖到光斑上，如图 8-46 所示。

图 8-46

272

按 Ctrl+T 组合键，将鼠标指针移动到变换线的一角，旋转遮挡图层，遮挡光斑，并且让遮挡图层的纹理走向与背景的纹理走向保持一致，如图 8-47 所示，然后按 Enter 键完成变形。

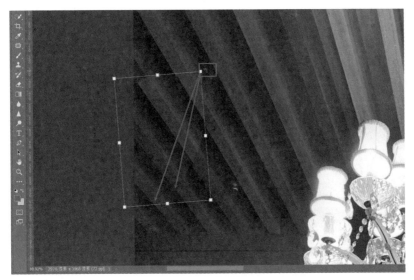

图 8-47

按住 Alt 键单击"创建图层蒙版"按钮，为复制的遮挡图层创建一个黑蒙版，将遮挡图层遮挡起来，如图 8-48 所示。

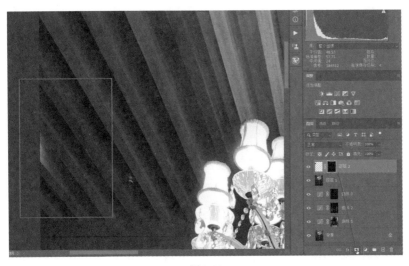

图 8-48

273

在工具栏中选择"画笔工具",设定前景色为白色,将"不透明度"和"流量"设定为 100%,在有光斑的位置进行涂抹,还原出我们复制的遮挡图层,这样就遮挡住了光斑,如图 8-49 所示。

图 8-49

右击遮挡图层的空白处,在弹出的菜单中选择"向下合并"命令,如图 8-50 所示,即可将遮挡图层合并到之前的盖印图层上,如图 8-51 所示。

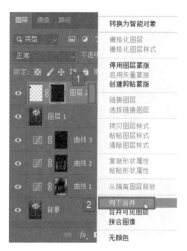

图 8-50

图 8-51

对于照片不够通透的问题，我们可以按照之前的方法，借助 TK 亮度蒙版，选择中间调，提高中间调的对比度，让照片整体变得更通透，如图 8-52 所示。至此，照片调整完毕。

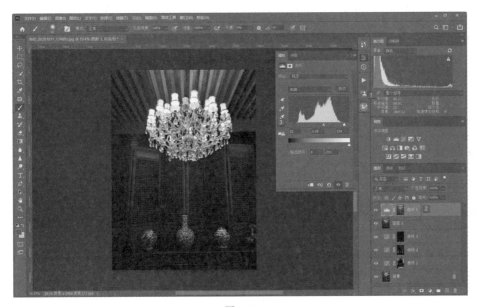

图 8-52

可以看到这张照片处理的内容不是特别多，但表现了一种非常重要的思路，就是对于现场光线非常复杂的场景，我们可能没有办法根据自然规律调出很好的光影效果，这个时候我们可以为照片确定唯一的光源，然后根据这个光源的照射情况塑造画面的影调，最终让高光、受光面及阴影都比较明确，这样画面的影调层次就会变得丰富，画面整体就会变得干净、有高级感。

# 第 9 章

# 单张照片修出完美银河效果

本章介绍星野银河照片后期处理的技巧。绝大部分初学者或喜爱星野摄影的读者可能更多接触的是如何对照片中的银河进行强化并降噪。按一般的思路，对银河进行降噪往往要使用大量照片进行堆栈，或者在前期使用赤道仪单独拍摄银河，然后合成地景。其实这两种方法都比较麻烦，并且第二种方法是一种照片合成的方法。

本章我们要讲的是基于单张正常拍摄的照片，修出非常完美的银河效果的方法。

　　原始照片如图 9-1 所示，这是使用 Nikon D800 相机拍摄的一张川西银河照片，可以看到整体曝光值有些低，经过我们的调整，画面整体的影调层次变得丰富，银河比较突出，并且画质非常细腻，噪点几乎不可见，如图 9-2 所示。这是单张照片经过合理处理所得到的效果。也就是说，只要后期处理思路与方法都比较合理，即便是使用性能一般的相机和镜头拍摄，也可以得到非常完美的银河效果，这样就省去了用多张照片堆栈或使用赤道仪拍摄的麻烦。

图 9-1

图 9-2

　　下面来看具体的处理过程。

　　在 Camera Raw 中打开原始照片，如图 9-3 所示。

图 9-3

277

切换到"基本"面板，主要是大幅度提高"曝光"的值，降低"高光"的值，提高"阴影"的值，以追回高光和暗部的细节；提高"白色"和"黑色"的值，让白色足够亮，并且让暗部不会出现死黑的问题，如图 9-4 所示。

图 9-4

因为提高了"黑色"的值，照片的通透度会有一定程度的下降，后续我们可以恢复。

追回照片的细节之后，接下来我们对照片的基本色彩进行初步调整。如果把握不好银河的色彩，可以通过白平衡吸管定义准确的银河色彩，然后根据个人的理解确定是否对照片进行一些有创意的白平衡调整。具体操作是，选择"白平衡吸管"，将鼠标指针移动到银心位置中间比较暗的区域，这些实际上就是深空的黑色区域，是没有色偏的，以这些位置为基准进行色彩还原，就能得到比较理想的效果。在此位置单击，可以看到照片的色彩得到了很好的还原，效果是比较理想的，如图 9-5 所示。

这样我们就确定了照片的基本色调。

接下来切换到"光学"面板，在其中勾选"删除色差"和"使用配置文件校正"复选项，然后将"扭曲度"恢复为 0，也就是不对照片的几何畸变进行调整，然后将"晕影"大幅度提高，如图 9-6 所示，即提亮照片四周颜色过重的暗角，但又不将暗角完全消除。此时照片四周的暗角呈现出一些色偏，比如画面左下角、右下角，以及右侧的山体变得有些偏紫，这是由相机性能决定的，因为当时用于拍摄的相机是高像素、低感光性能的 Nikon D800。

图 9-5

图 9-6

这时我们可以在工具栏中单击"蒙版"按钮，然后选择"画笔"，参数设定为降低"饱和度"的值，降低"色温"的值，降低"色调"的值，这样可以纠正偏紫的问题；提高"减少杂色"的值，对这些提亮的区域进行适当降噪；然后在山体、右下角的地景，以及左侧的水面等位置进行涂抹，可以看到这些位置的噪点被消除，偏紫的问题得到解决，如图 9-7 所示。

图 9-7

勾选"显示叠加"复选项，观察我们调整的位置，如图 9-8 所示。

图 9-8

单击"创建新蒙版"按钮，选择"画笔"命令，如图9-9所示。

在银河位置进行涂抹，对银河进行一定的强化。参数设定主要为稍稍提高"曝光"的值，提高"对比度"的值，提高"纹理"和"清晰度"的值；对于银河的色彩，我们只要加一点黄色和洋红就可以了，具体就是提高"色温"和"色调"的值，但提高的幅度不宜过大，如图9-10所示。

图 9-9

图 9-10

调整之后会发现银河没有明显变化，只是有轻微的色彩变暖倾向，这就足够了。在此我们没有必要将银河调整到色感非常强的程度，银河的强化，本质上并不是通过单独强化银河来实现的，比较合理的方式是对银河进行轻微的强化，然后压暗四周的天空，这样银河会更加明显。

我们应该有这样的认知，银河非常清晰的时候是没有月光的时候，整个天空应该是深黑色的，但我们拍出的银河照片中天空往往亮度偏高，是发灰的。所以我们压暗四周的天空，是比较合理的一种选择。压暗四周的天空还会让银河整体显得更加清晰。

那么为什么我们不能大幅度强化银河呢？因为如果我们对银河的清晰度和纹理的调整幅度过大，银河的位置就会产生大量的噪点，画质会比较差，并且效果也不会特别好。

所以我们应该简单强化银河，压暗四周的天空，通过压暗天空来凸显银河。

接下来我们切换到"细节"面板，稍稍提高"锐化"的值，然后提高"减少杂色"的值，对画面进行锐化和降噪之后单击"打开"按钮，将照片在 Photoshop 中打开，如图 9-11 所示。

图 9-11

我们首先要压暗的是水面及地景亮度过高的一些区域，让这些亮度过高的区域的亮度降下来，使这些区域与周边区域的明暗更加相近。这样，整个水面及地景就会更干净。

我们先创建曲线调整图层对照片进行压暗处理，如图 9-12 所示。

然后按 Ctrl+I 组合键对蒙版进行反向，选择"画笔工具"，将前景色设为白色，"不透明度"设为 12%，"流量"设为 20%，在水面及地景中亮度比较高的区域进行涂抹，让这些区域暗下来，让整个水面和地景的明暗更相近，这样这些区域就会更干净，画面整体也会变得更干净，如图 9-13 所示。

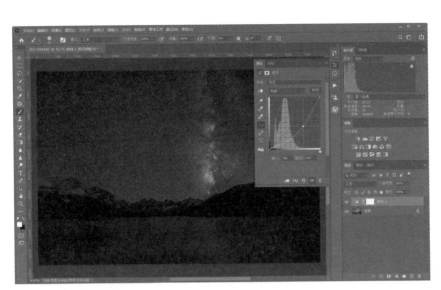

图 9-12

图 9-13

此时我们可以按住 Alt 键单击蒙版缩览图来观察我们涂抹的区域，如图 9-14
所示。

对水面及地景的明暗进行协调之后，接下来我们对天空进行具体的处理，也
就是之前我们所说的对四周的天空进行压暗，还原出深空应有的深黑色的效果。
当然也不能将天空调为纯黑，适当压暗就可以了。

图 9-14

我们在"图层"面板中单击像素图层,然后打开"选择"菜单,选择"天空"命令,将整个天空选择出来,如图 9-15 所示。

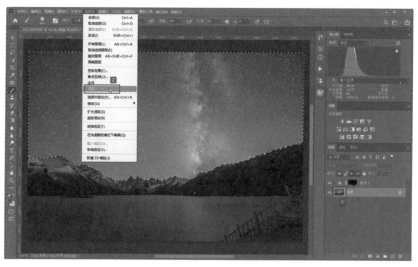

图 9-15

在"图层"面板中单击之前创建的曲线调整图层的蒙版缩览图,然后在工具栏中选择"画笔工具",对四周的天空进行涂抹,还原出这些区域的压暗效果,如图 9-16 所示。压暗四周的天空,银河部分就相当于得到了提亮。

唯一需要注意的是,涂抹四周的天空时,力道一定要轻且均匀,避免出现天空明暗不均的情况。

图 9-16

银河中间有很多比较暗的纹理线，此时看起来不够暗，导致银河部分显得有些发灰。因此我们再次创建曲线调整图层，向下拖动曲线进行压暗，然后对蒙版进行反向，将压暗效果隐藏起来；在工具栏中选择"画笔工具"，画笔参数依然是之前的设定，在银河中间比较暗的位置上进行涂抹，将这些位置压暗，对于银河两侧星云中间的一些比较细的暗纹，缩小画笔直径后在这些位置轻轻涂抹，如图 9-17 所示。

图 9-17

经过这样的强化，我们就可以看到整个银河更加清晰，如图 9-18 所示。

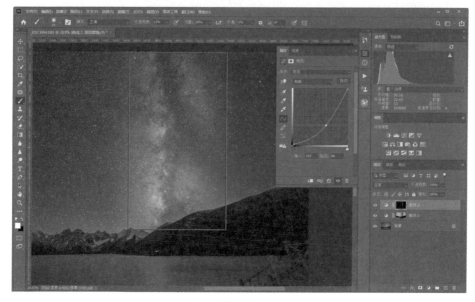

图 9-18

这里要注意一个问题，我们之前对天空进行压暗时，是通过选择天空来进行的，但在 Photoshop 中通过选择天空这个功能来选择的天空，它的边缘与地景的结合部分是有一定羽化过渡的，也就是边缘并不是被 100% 选择的，所以压暗之后我们会发现天空与地景结合的部分亮度有些高。

这个时候我们可以在"图层"面板中单击"背景"图层，然后在工具栏中选择"快速选择工具"，设定"添加到选区"或"从选区减去"等不同的布尔运算方式，快速将天空勾选出来，如图 9-19 所示。

在"图层"面板中单击之前的"曲线 1"图层的蒙版缩览图，在工具栏中选择"画笔工具"，在天空与地景结合的边缘的亮度过高的位置进行涂抹，将这些位置压暗，让天空的明暗更均匀，如图 9-20 所示。

然后按 Ctrl+D 组合键取消选区，完成银河的强化。

在没有月光的时候拍摄的星空，曝光出来的星点是非常多的，这会导致整个天空显得比较杂乱，这时可以通过缩星让天空变得更干净。所谓缩星，是指消除或者弱化天空中一些比较明显的星星，让天空显得更干净。

图 9-19

图 9-20

创建一个盖印图层，如图 9-21 所示，准备进行缩星。

打开"滤镜"菜单，选择"其他"中的"最小值"命令，如图 9-22 所示。

图 9-21

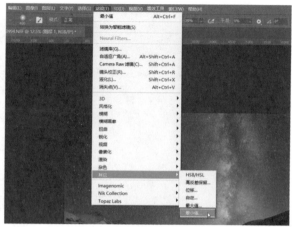

图 9-22

在打开的"最小值"对话框中将"半径"设为 2，在"保留"列表中选择方形，单击"确定"按钮，如图 9-23 所示。

图 9-23

最小值调整是指在我们选择的亮度范围内查找最暗的像素，然后用最暗的像素替代更亮的像素，所以进行最小值调整一般会导致画面整体变暗。

半径用于限定在多大的范围之内查找更暗的像素，所以半径越大，最小值调整的效果越明显。一般来说，半径设定为 1 或 2 就可以。本例中我们设定为 2，是因为这张照片的尺寸比较大。

进行缩星之后，可以看到整个天空部分非常干净，地景也被压暗了，如图 9-24 所示。

此时我们可以打开"选择"菜单，选择"天空"命令，将天空勾选出来，如图 9-25 所示。

对于天空边缘选择不够准确的问题，我们可以在工具栏中选择"快速选择工具"，将布尔运算方式选择为"从选区减去"，将整个雪山部分排除在选区之外，如图 9-26 所示。

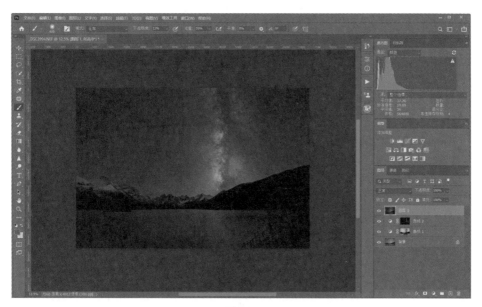

图 9-24

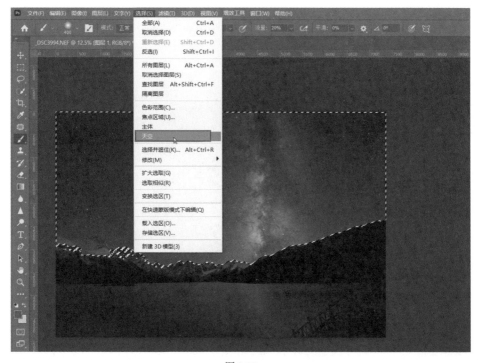

图 9-25

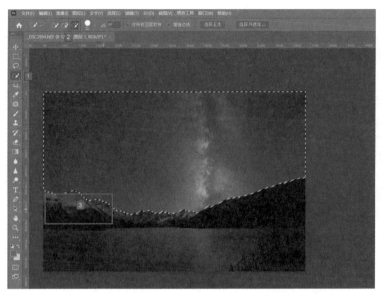

图 9-26

　　为选区创建一个蒙版，这样就只有建立了选区的天空部分的最小值调整效果被保留下来，地景部分被排除在外，从而还原出了地景原有的亮度，而天空部分依然有缩星效果，如图 9-27 所示。

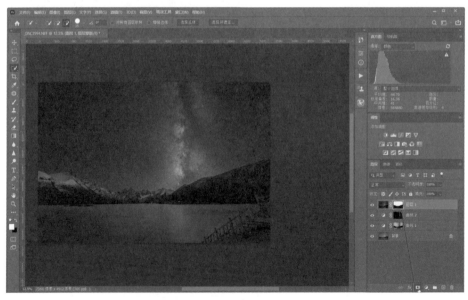

图 9-27

如果感觉缩星效果过于强烈，天空有些失真，我们可以降低图层的"不透明度"，让天空显得自然一些，如图 9-28 所示。

图 9-28

然后创建曲线调整图层，创建一条轻微弯曲的 S 形曲线，让画面整体显得更通透，如图 9-29 所示。

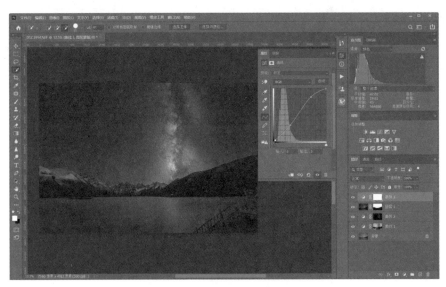

图 9-29

这样，我们就完成了银河强化、影调调整以及缩星等非常重要的步骤。

用这种方法调整出来的银河的噪点是最少的，因为没有通过特殊的滤镜或清晰度调整等对银河进行过度强化，就不会让照片显示出更多的噪点。

为了获得更好的画面效果，我们借助另外一种非常好用的降噪软件对照片进行降噪，以得到近乎完美的画质。

打开准备好的 Topaz DeNoise AI 软件，如图 9-30 所示，单击画面中间的"Open"按钮，或将照片直接拖到软件中间的工作区，将照片载入。

图 9-30

将我们处理过的银河照片在这款软件中打开，此时软件工作区中间出现了降噪前后的画面效果对比。

这时有一个比较重要的步骤，在软件界面右侧的中间位置将"Low Light Mode"（弱光模式）开启，这样降噪效果会更理想，因为银河要在比较明显的弱光环境中拍摄，开启弱光模式可以增强降噪效果；经过对比，我们可以看到降噪的效果是非常明显的，然后单击"Save Image"（保存照片）按钮，将照片保存就可以了，如图 9-31 所示。

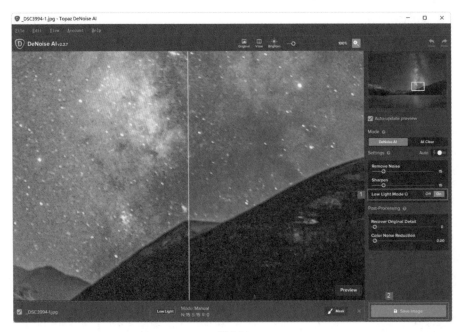

图 9-31

如果我们还想进一步强化画面中间的雪山，可以再次将照片在 Photoshop 中打开，如图 9-32 所示。

图 9-32

按 Ctrl+Shift+A 组合键进入 Camera Raw 滤镜，在画面中间的雪山位置创建一个径向渐变的区域，提高"曝光"的值，提高"纹理"和"清晰度"的值，然后单击"确定"按钮，如图 9-33 所示。这样就可以进一步强化画面中间的雪山，并进一步吸引观者关注画面中间位置。

图 9-33

至此，这张照片的调整完成。

总结一下，对于银河照片的后期，我们应该转变观念，不要只将注意力集中在如何对银河进行强化上。实际上，我们弱化周边的天空就可以起到强化银河的作用，并且不过度强化银河，就不会导致银河中心出现大量的噪点。